W0019196

Das bietet Ihnen die CD-ROM

 Beurteilungsbogen

Mit dem Beurteilungsbogen stellen Sie fest, welchen psychischen Belastungen Ihre Mitarbeiter am Arbeitsplatz ausgesetzt sind.

- Beurteilungsbogen: Psychische Belastungen am Arbeitsplatz

 Persönlichkeitstests

Persönlichkeitstests und Checklisten helfen Ihnen, sich mit Ihren Einstellungen und Ihrer Persönlichkeitsstruktur auseinanderzusetzen:

- Persönlichkeitstest: Sind Sie eine Führungskraft?
- Test: Meine Stressauslöser
- Checkliste: Welche Einstellung haben Sie zu Ihren Mitarbeitern?

 Checklisten und Übersichten

Bewerberauswahl, Mitarbeiterführung, Motivation – Checklisten und Übersichten unterstützen Ihre Arbeit in allen Bereichen der Personalarbeit:

- Übersicht: Fragetechniken in Mitarbeitergesprächen
- Checkliste: Hinweise für mangelnde Arbeitsmotivation
- Checkliste: Entscheidungsprozesse im Team steuern
- Muster: Beurteilungsbogen

u. v. m.

 Gesprächsleitfäden

Gesprächsleitfäden und Ablaufpläne steuern Sie durch schwierige Mitarbeitergespräche:

- Gesprächsleitfaden: Konflikte zwischen Mitarbeitern moderieren
- Leitfaden: Beurteilungsgespräch
- Aktionsplan: So steigern Sie die Arbeitsmotivation Ihrer Mitarbeiter

Bibliografische Information der Deutschen Nationalbibliothek

Die Deutsche Nationalbibliothek verzeichnet diese Publikation in der Deutschen Nationalbibliografie; detaillierte bibliografische Daten sind im Internet über http://dnb.d-nb.de abrufbar.

ISBN: 978-3-448-10128-7   Bestell-Nr. 00263-0001

© 2010, Haufe-Lexware GmbH & Co. KG, Munzinger Straße 9, 79111 Freiburg

Redaktionsanschrift: Fraunhoferstraße 5, 82152 Planegg/München
Telefon: (089) 895 17-0
Telefax: (089) 895 17-290
www.haufe.de
online@haufe.de
Produktmanagement: Steffen Kurth

Alle Rechte, auch die des auszugsweisen Nachdrucks, der fotomechanischen Wiedergabe (einschließlich Mikrokopie) sowie die Auswertung durch Datenbanken, vorbehalten.

Redaktion und DTP: Lektoratsbüro Peter Böke, 10961 Berlin
Umschlag: Kienle gestaltet, 70182 Stuttgart
Druck: Bosch-Druck GmbH, 84030 Ergolding

Zur Herstellung dieses Buches wurde alterungsbeständiges Papier verwendet.

Psychologie im Unternehmen

von

Thomas A. Frank

Haufe Mediengruppe
Freiburg · Berlin · München

Inhaltsverzeichnis

Teil II

Betriebliche Situationen aus psychologischer Perspektive

Für
Katja, Noah, Freya und Baldur

Es kommt nicht so sehr auf das Lernen und Kennen von Management-techniken an, sondern vielmehr auf eine Veränderung der Einstellung des Denkens und des Handelns, auch im Bezug zur Verantwortung.

Gilbert Probst

Vorwort

Förderung und Führung von Mitarbeiterinnen und Mitarbeitern oder die Leitung von Teams, etwa in der Projektarbeit, bergen vielfältige Herausforderungen. Sicher helfen hierbei Lebens- und Berufserfahrung. Geht es jedoch um Vertrauen, Verantwortung und Kommunikation gerade in kritischen Situationen der professionellen Führungsarbeit, dann ist psychologisches Fachwissen notwendig.

Der Alltag der Führungskraft ist voller Chancen und Risiken. Zu den alltäglichen Routinen und Problemen kommen tief greifende gesellschaftliche Veränderungen, in denen unsere Unternehmen stehen. Vor einem Universum von Möglichkeiten und Werkzeugen für eine nachhaltig erfolgreiche Managementtätigkeit fühlen sich viele Führungskräfte eher mutlos als frei. Orientierung tut Not, gerade wenn Optionen und Konflikte zunehmen. In vielen Situationen ist nicht nur die Gesundheit der Mitarbeiterinnen und Mitarbeiter, sondern auch die der Führungskräfte bedroht.

Ganz offensichtlich kann Psychologie sehr hilfreich sein, um kritische Situationen zu meistern. Denn das Paradigma des Unternehmerischen oder des Managers als Entrepreneur allein hat seine Grenzen. Insbesondere, wenn wir das Unternehmen als Fabrik verstehen und soziale Bedingungen und Prozesse ökonomisieren. So kommen soziale Bedingungen und die Fähigkeit, sich auf diese Bedingungen einzustellen, oftmals zu kurz. Eine wirtschaftliche Führung ohne grundlegende soziale und psychologische Kompetenzen sowie eine wertschätzende Haltung gegenüber den Menschen, mit denen wir arbeiten, kann nicht nachhaltig wirken.

Viele Führungskräfte sind keine Psychologinnen und Psychologen. Oft genug löst die Psychologie bei ihnen Unbehagen aus. Scheinbar werden die Probleme schwieriger, wenn man genauer hinschaut. Vielen ist die Sprache der Psychologie fremd, sie verwirrt und nicht selten kommt Ärger auf. Verwirrung und Ärger müssen nicht schlecht sein. Wer verwirrt ist, kommt oftmals zum Nachdenken. Auch wenn wir uns eher Neugier und Hoffnung auf Erfolg als Ansporn für Lern- und Entwicklungsprozesse wünschen. Wenn wir als Führungskräfte die fortlaufende Verbesserung der Qualität einfordern, wenn es selbstverständlich ist, dass die Mitarbeiterinnen und Mitarbeiter sich entwickeln und weiterbilden, dann muss das auch für die Führungskraft gelten.

Planen, Organisieren, Entscheidungen treffen, Kontrollieren, Messen und Beurteilen sowie Fördern und Fordern von Mitarbeitern, stellen die wesentlichen Aufgaben im Management dar. Professionelle Führung wird nicht alleine durch effektives Denken und Handeln ermöglicht, sondern durch die Analyse und Bewertung der Problemlage, die erst die Zielbestimmung und die Wahl angemessener Mittel möglich macht. In der professionellen Analyse gilt es, die kognitiven, emotionalen, motivationalen und sozialen Bedingungen der unternehmerischen Prozesse mitzuberücksichtigen. Die Analyse der psychologischen Faktoren macht nicht bei den Mitarbeiterinnen und Mitarbeitern halt, sie betrifft auch die Führungskraft selbst. Professionelle Analyse meint hier eben auch Selbstreflexion und die Bereitschaft, das eigene Handeln kritisch zu prüfen und wenn nötig zu verändern. Zur Analyse und Reflexion sind sicher Befragungen der Mitarbeiterinnen und Mitarbeiter hilfreich, Feedback auf der kollegialen Ebene der Führungsetage, Fort- und Weiterbildungen, gezielte Coachings, nicht zuletzt aber auch die anregende Lektüre dieses Buches und die Möglichkeit, mit Leitfragen dem einen oder anderen Gedanken nachzugehen und die Reflexion im Fragebogen zu vertiefen.

Das vorliegende Buch bietet vielfältige Möglichkeiten und Anregungen, psychologisches Wissen aufzunehmen und das eigene Handeln in der Führung zu hinterfragen und neue kreative Perspektiven und Lösungen zu entwickeln. Dies ist also ein sehr praktisches Buch, das immer wieder zu Reflexion und Transfer einlädt.

Zürich, im April 2010 *Prof. Dr. Christoph Steinebach*

Was bietet Ihnen dieses Buch?

Nutzen der Psychologie für die Mitarbeiterführung

Als Führungskraft ist es Ihre Aufgabe, einen effizienten Arbeitszusammenhang zu organisieren, in dem alle Mitarbeiter mit ihren spezifischen Kompetenzen zum Unternehmenserfolg beitragen. Das gelingt Ihnen am besten, wenn Sie Ihre Mitarbeiter gut kennen. Eine gute Menschenkenntnis ist sicher hilfreich für die Aufgaben einer Führungskraft, aber keinesfalls ausreichend. Wie das vorliegende Buch zeigen möchte, gibt es eine Vielzahl von psychologischen Erkenntnissen und Einsichten, Techniken und Modellen, die für die Aufgaben der Mitarbeiterführung großen praktischen Nutzen haben.

Die Psychologie beschreibt und erklärt Verhaltensweisen von Menschen. Sie kann für die Arbeit einer Führungskraft eine wichtige „Hilfswissenschaft" sein, z. B., wenn es darum geht, das Verhalten von Mitarbeitern besser einzuschätzen, Bewerber auszuwählen, Mitarbeiter zu beurteilen, Gruppen zu steuern, Konflikte zu lösen. Erst wenn Sie wissen, was Ihre Mitarbeiter motiviert oder welche psychologischen Ursachen Konflikte am Arbeitsplatz haben, können Sie die entsprechenden Führungsinstrumente und -methoden gezielt und wirkungsvoll einsetzen.

Ziel des Buches

Ziel des Buches ist die Vermittlung von psychologischem Wissen, insoweit es für die Aufgaben von Führungskräften, insbesondere der Mitarbeiterführung, einen praktischen Nutzen hat. Dabei werden die zentralen Aufgaben und Situationen der Mitarbeiterführung vor dem Hintergrund psychologischer Erkenntnisse und Modelle dargestellt.

Besuchen Sie auch unsere Referenzplattform im Internet unter:

www.frank-consulting.info

Aufbau und Inhalte des Buches

Das Buch gliedert sich in zwei Teile: In Teil I werden in drei Kapiteln psychologische Grundlagen der Führungstätigkeit vorgestellt. Teil II behandelt neun betriebliche Situationen der Mitarbeiterführung aus psychologischer Perspektive.

Teil I – Psychologische Grundlagen der Führungstätigkeit

Inhalt von Teil I

Im *ersten Grundlagenkapitel* steht die Führungspersönlichkeit selbst im Mittelpunkt. Dabei geht es um Fragen, die das Selbstverständnis der Führungskraft berühren: Über welche Kernkompetenzen sollte eine Führungskraft verfügen? Welche Rolle spielt die Selbsteinschätzung und das Selbstmanagement für die Arbeit der Führungskraft? Welche Führungsstile gibt es und wie sind diese zu bewerten?

Das *zweite Grundlagenkapitel* ist den sozialpsychologischen Kategorien *Verantwortung* und *Vertrauen* gewidmet. Es wird gezeigt, wie wichtig ein tragfähiges Vertrauensverhältnis zwischen Mitarbeitern und Führungskräften für den Unternehmenserfolg ist.

Im *dritten Grundlagenkapitel* lernen Sie drei (klassische) Kommunikationsmodelle kennen und erfahren, wie Sie diese Modelle im Bereich der Mitarbeiterführung nutzen können.

Mit einem Überblick über die wichtigsten Führungsinstrumente endet Teil I.

Teil II – Betriebliche Situationen aus psychologischer Perspektive

Inhalt von Teil II

In Teil II werden einzelne Tätigkeitsfelder von Führungskräften vorgestellt. Aus der Vielzahl der Aufgaben einer Führungskraft sind es insbesondere die komplexen Aufgaben der Mitarbeiterführung und des Selbstmanagements, die immer wieder psychologische Fragestellungen und Problemlagen berühren.

Kapitel 4 und 5 behandeln Beurteilungssituationen wie das Auswahlgespräch und die Mitarbeiterbeurteilung. Sie erfahren u. a., welche psychologischen Faktoren die Wahrnehmung und Beurteilung des Mitarbeiters beeinflussen und wie Sie sich und Ihren Mitarbeiter vor Fehlurteilen schützen können.

Kapitel 6 konzentriert sich auf das Thema *Arbeitsmotivation*. Wie nutzen Sie die Motivation Ihrer Mitarbeiter für den Arbeitsprozess? Wie erkennen Sie frühzeitig Motivationsschwierigkeiten Ihrer Mitarbeiter? Die Motivationsforschung bietet viele Antworten auf diese und weitere Fragen der Mitarbeiterführung.

Kapitel 7 beschäftigt sich mit Fragestellungen aus der Teamarbeit: Worauf müssen Sie achten, wenn Sie ein Team zusammenstellen? Wie steuern Sie ein Team? In welchen Phasen verläuft der Teamentwicklungsprozess? Wie können Sie die unterschiedlichen Persönlichkeiten Ihrer Mitarbeiter für die Teamarbeit nutzen?

Konfliktsituationen im Unternehmen

Von besonderer psychologischer Brisanz sind Konfliktsituationen unter Mitarbeitern oder zwischen Mitarbeitern und Vorgesetzten. Deswegen sind diesem Bereich zwei Kapitel gewidmet: Während *Kapitel 8* zeigt, wie Sie sich auf Kritikgespräche mit Ihrem Mitarbeiter vorbereiten, behandelt *Kapitel 10* die Frage, wie Sie Konflikte zwischen Mitarbeitern analysieren und professionell managen.

Kapitel 9 hilft Ihnen, richtig mit beruflichem Stress umzugehen. Hier lernen Sie u. a. eine einfache, aber wirkungsvolle Anti-Stress-Strategie kennen.

Kapitel 11 konzentriert sich auf die Frage, wie Sie auch in wirtschaftlichen Krisenzeiten den richtigen Ton treffen und mit emotionalen Reaktionen Ihrer Mitarbeiter souverän umgehen.

Den Abschluss des Buches bildet *Kapitel 12* „Interkulturelle Kommunikation". Angesichts der Globalisierung wird die Fähigkeit eines Managers, Mitarbeiter aus unterschiedlichen Kulturkreisen zu führen, immer wichtiger. Das Kapitel geht dem Begriff der interkulturellen Kompetenz nach und zeigt, wie sich kulturelle Unterschiede auf die Mitarbeiterführung auswirken können.

Der Nutzen für Ihre Arbeitspraxis

Zahlreiche Beispiele, konkrete Handlungsanleitungen, Gesprächsleitfäden und Checklisten dienen dem praktischen Nutzen dieses Ratgebers für Ihre Arbeit. Auch wenn die (Arbeits-)Wirklichkeit ungleich vielschichtiger ist und oft keine eindeutigen Lösungen verspricht, sollen die angeführten Beispiele und Handlungsanleitungen doch zumindest die Richtung einer Lösung angeben, die Ihnen in dem jeweiligen Einzelfall den Weg weist.

So arbeiten Sie mit der CD-ROM

siehe CD-ROM

Alle Checklisten und Übersichten, Gesprächleitfäden und Tests aus dem Buch finden Sie auch auf der beiliegenden CD-ROM. Welche Daten aus dem Buch auch auf der CD-ROM enthalten sind, erkennen Sie zudem an dem CD-Icon am Seitenrand neben dem Buchtext. Die Materialien auf der CD-ROM sind nach der Reihenfolge der Buchkapitel sortiert und mit einer Kurzbeschreibung versehen, sodass sie schnell die passenden Unterlagen finden und diese direkt in Ihre Textverarbeitung übernehmen, sie ausdrucken und individuell bearbeiten können.

Teil I

Psychologische Grundlagen für die Managementpraxis

1 Die Person der Führungskraft

Dieses Kapitel bietet einen Einstieg in zentrale Themen der Mitarbeiterführung aus einer psychologischen Perspektive. Im Mittelpunkt steht die grundsätzliche Frage: Wodurch zeichnet sich eine erfolgreiche Führungspersönlichkeit aus?

Für die Beantwortung dieser Frage werden
- Kernkompetenzen von Führungskräften vorgestellt (Kapitel 1.1),
- Anforderungen und Tätigkeitsfelder beschrieben (Kapitel 1.2) und
- verschiedene Führungsstile diskutiert (Kapitel 1.3).

Mit dem Test auf Seite 25 finden Sie spielerisch heraus, ob Ihre persönlichen Einstellungen die Übernahme von Führungsverantwortung begünstigen.

siehe CD-ROM

1.1 Über welche Kernkompetenzen sollte eine Führungskraft verfügen?

Kommunikative und soziale Fähigkeiten

Zu den zentralen Aufgaben von Führungskräften gehört es, Arbeitsprozesse zu gestalten, Ziele vorzugeben und Mitarbeiter zu fördern und zu fordern. Sie müssen vor allem die Arbeit von anderen – Ihren Mitarbeitern oder auch externen Dienstleistern – organisieren. Als Führungskraft haben Sie es daher täglich mit Menschen zu tun. Der berufliche Umgang mit Menschen erfordert vielfältige kommunikative und soziale Kompetenzen, wie z. B. Einfühlungsvermögen, Urteilskraft, Konfliktfähigkeit, Durchsetzungsvermögen, aber möglicherweise auch interkulturelle Kompetenzen. Kompetenzen wie Fachwissen, analytisches Denkvermögen oder technisches Denkvermögen haben dagegen für die typischen Tätig-

Kommunikationsstärke

keiten einer Führungskraft keinen zentralen Stellenwert. Das soll nicht heißen, dass eine Führungskraft nicht über Fachwissen verfügen muss, um ihre Mitarbeiter fachkundig anleiten und beurteilen zu können. Als Führungskraft muss sie aber nicht *in erster Linie* ein Fachexperte sein. Sie muss nicht der bessere Mitarbeiter sein.

Eine Führungskraft sollte also – einfach gesagt – mit Menschen umgehen können. Sie sollte in der Lage sein, die Mitarbeiter mit deren Stärken und Schwächen richtig einschätzen zu können, um sie optimal in den Arbeitszusammenhang einzubinden, sie anleiten, beurteilen und fördern zu können. Diese kommunikativen bzw. sozialen Fähigkeiten erfordern in besonderem Maße ein Verständnis für die psychologische Dimension in der Mitarbeiterführung. Das Wissen um psychologische Phänomene unterstützt die soziale und kommunikative Kompetenz von Führungskräften.

Ziel- und Ergebnisorientierung

Die zweite Kernkompetenz, über die eine Führungskraft verfügen sollte, ist die Ziel- bzw. Ergebnisorientierung. Denn als Führungskraft werden Sie an Ihren Ergebnissen gemessen. Auch die kommunikativen und sozialen Fähigkeiten, die Sie in der Personalarbeit benötigen, dienen aus Sicht des Unternehmens allein dem Ziel, den Arbeitsprozess voranzubringen und die Unternehmensziele zu erfüllen.

Strategie und
Planung

Zu der pragmatischen *Ergebnis- und Zielorientierung* gehören auch typische Führungskompetenzen wie strategisches und planerisches Denken, also das Entwickeln von Lösungsstrategien, das Planen von effizienten Arbeitsabläufen etc. Hier wird von der Führungskraft Realismus im Hinblick auf die Erreichbarkeit von Zielen gefordert, aber in gewissem Maße auch Kreativität hinsichtlich der Entwicklung von erfolgreichen Unternehmensstrategien.

Die pragmatische Kernkompetenz Ziel- und Ergebnisorientierung hat – im Unterschied zu den kommunikativen Fähigkeiten – keine unmittelbaren psychologischen Aspekte. Deswegen wird diese Kompetenz, ebenso wie die Kompetenzen Analysefähigkeit, planerisches Denken, Fachwissen usw. in diesem und den folgenden Kapiteln nur am Rande behandelt. Dennoch finden Sie in allen Kapiteln auch Handlungsanleitungen und Arbeitshilfen, die der pragmatischen Ergebnisorientierung von Führungskräften entgegenkommen.

Selbstmanagement der Führungskraft

Die erfolgreiche Bewältigung von Führungsaufgaben erfordert eine realistische Selbsteinschätzung. Diese Fähigkeit ist besonders für den Umgang mit Mitarbeiterinnen und Mitarbeitern wichtig. Denn in der Mitarbeiterführung gibt es viele Situationen, in denen Sie *nolens volens* unter Einbeziehung Ihrer Persönlichkeit agieren. Das Wissen der Führungskraft um ihre subjektiven Wahrnehmungsmuster, ihre Vorlieben, Empfindlichkeiten, Stärken und Schwächen ist z. B. in der Bewerberauswahl (Kapitel 4) und in der Mitarbeiterbeurteilung (Kapitel 5) eine wichtige Voraussetzung für die gerechte Einschätzung von Mitarbeitern. Aber auch die interkulturelle Kommunikation (Kapitel 12) setzt das Verständnis der Eigenart und Grenzen der eigenen Kultur, eben die Selbsterkenntnis, voraus. Sich selbst zu kennen erfordert Persönlichkeitsbildung, also die intensive Beschäftigung mit der eigenen Persönlichkeit.

realistische Selbsteinschätzung

Persönlichkeitsbildung

> **Achtung:**
> Die Aufgaben in der Personalarbeit lassen sich nicht allein durch den „kalten" Einsatz von Führungsinstrumenten lösen. Diese sind vielmehr notwendige, professionelle Hilfsmittel, die erst in den Händen einer Führungspersönlichkeit, die ihre eigenen Stärken und Schwächen kennt, eine positive Wirkung entfalten können.

Mit den eigenen Stärken und Schwächen umgehen

Als Führungskraft sollten Sie Ihre eigenen Stärken und Schwächen kennen, aber auch Ihre Prägungen, Vorurteile, Empfindlichkeiten und andere subjektiven Einstellungen.

Konzentrieren Sie sich nur auf diejenigen Stärken und Schwächen, die für Ihre Führungsarbeit relevant sind. Versuchen Sie, Ihre Stärken zu pflegen und auszubauen, und bearbeiten Sie gezielt Schwächen, die Ihre Arbeit belasten können. Manche Schwächen lassen sich vielleicht auch einfach ausgleichen, indem Sie bestimmte Kompetenzen hinzukaufen.

Vielleicht ist es sinnvoll, wenn ein externer Businesscoach oder Mediator an Ihrer Stelle das Konfliktmanagement in einem schwierigen Fall übernimmt, wenn Sie sich mit der Aufgabe überfordert fühlen. Aber zu der Einsicht, dass Sie im Einzelfall mit einer Aufgabe überfordert sind, müssen Sie selbst gelangen. Und dafür brauchen Sie eine „starke Persönlichkeit". Auch dieser Aspekt bietet sich an, um ihn mit einem Businesscoach zu bearbeiten.

Psychologische Fallen der Selbstwahrnehmung

Der Umgang mit unseren Stärken und Schwächen bereitet uns aus psychologischen Gründen oft Probleme, weil es sehr schwer ist, sich selbst richtig (realistisch) einzuschätzen. Die psychologische Wahrnehmung von uns selbst ist regelmäßig verzerrt. Das liegt u. a. daran, dass wir unsere Stärken als etwas Selbstverständliches sehen, weil sie auf Tätigkeiten beruhen, die uns leicht fallen. Unsere Schwächen dagegen möchten wir oft nicht so genau kennen, weil diese unangenehme Einsicht uns abermals schwächt und unser Selbstwertgefühl bedroht. Und wie einfach ist es, äußere Umstände oder andere Personen für Fehler verantwortlich zu machen und so unsere Schwächen einfach wegzuerklären. Besonders in der hierarchischen Position als Vorgesetzter ist die Versuchung manchmal groß, Mitarbeiter für Fehler, die letztlich aus unseren Schwächen resultieren, verantwortlich zu machen.

Wie schätzen Sie sich selbst realistisch ein?

Führungs-feedback

Da es so schwierig ist, aus der Innenperspektive, gewissermaßen im Selbstgespräch, zu einer realistischen und belastbaren Selbsteinschätzung zu gelangen, müssen Sie sich von außen einschätzen und beurteilen lassen. Dies ist die professionelle Aufgabe eines Coaches, also einer Person, der Sie vertrauen. Ebenso können Sie sich von Ihren Mitarbeitern im Rahmen eines Führungsfeedbacks beurteilen lassen oder auch Ihre Vorgesetzten und Kunden bzw. Auftraggeber um eine Beurteilung Ihrer Arbeit bitten. Auf diese Weise erfahren Sie, wie Sie von anderen gesehen werden, und können Ihr Selbstbild kritisch hinterfragen und korrigieren.

Eine weitere Möglichkeit, zu einer realistischen Selbsteinschätzung zu gelangen, besteht in der Selbstbeobachtung. Notieren Sie relevante Entscheidungen und Verhaltensweisen und vergleichen Sie nach einem zeitlichen Abstand von mehreren Monaten, ob Ihre Handlungen wirklich das bewirkt haben, was Sie bewirken wollten.

Selbstorganisation und persönliche Arbeitsmethodik

Zum Selbstmanagement der Führungskraft gehört nicht nur die Fähigkeit, die eigenen Stärken und Schwächen realistisch einschätzen zu können. Auch über ein effektives Zeit- und Stressmanagement und über viele weitere Techniken der Selbst- und Arbeitsorganisation sollten Führungskräfte verfügen. Hierzu finden Sie in Kapitel 9 „Mit Stress richtig umgehen" weiterführende Hinweise.

persönliche Arbeitsmethodik

Sind Sie eine effiziente Führungspersönlichkeit?

Diese Checkliste will Ihnen helfen, sich mit Ihrer eigenen Persönlichkeit hinsichtlich der effizienten Übernahme von Führungsaufgaben auseinanderzusetzen. Nutzen Sie auch den ausführlichen Test auf Seite 25, mit dem Sie herausfinden können, ob Sie eine Führungspersönlichkeit sind.

siehe CD-ROM

Checkliste: Sind Sie eine Führungspersönlichkeit?	
Übernehmen Sie gerne Verantwortung?	
Können Sie gut mit Mitarbeitern umgehen?	
Verfügen Sie über gute Menschenkenntnis?	
Können Sie mit Kritik umgehen?	
Sind Sie konfliktfähig?	
Können Sie Aufgaben delegieren?	
Können Sie Teams zusammenstellen und führen?	
Sehen Sie sich eher als Fachmann bzw. Experte oder als Führungskraft?	
Behalten Sie auch in Stresssituationen und Krisen die Nerven?	
Haben Sie ein starkes Selbstbewusstsein?	
Fällt es Ihnen leicht, auch kontroverse Positionen zu vertreten?	
Können Sie Arbeitsabläufe planen?	
Organisieren Sie gerne Arbeitszusammenhänge?	

Worin besteht Führungsstärke?

In den Führungswissenschaften wird die Frage nach der richtigen Führung von Mitarbeitern kontrovers diskutiert. Eine Richtung geht davon aus, dass Führungseigenschaften angeboren sind, also zur individuellen, charakterlichen Disposition der Führungskraft gehören. Hier geht es insbesondere um grundlegende Führungseigenschaften, wie die Bereitschaft, Führungsrollen und Führungspositionen einzunehmen, Handlungsmöglichkeiten zu schaffen usw. Es werden u. a. folgende Kernkompetenzen aufgeführt, über die eine erfolgreiche Führungskraft verfügen sollte:

Kompetenzen	Verhaltensbereich
Für Ziele sorgen	Ziele sind vorweggenommene Resultate. Sie müssen konkret formuliert werden.
Organisieren	Die Führungskraft muss Arbeitsabläufe effizient gestalten und auch komplexere Projekte planen können. Eine gute Organisation lässt genügend Autonomie, hat wirksame Regeln und eine gut funktionierende operative Führung und Kontrolle.
Entscheiden	Gute Entscheidungen werden schrittweise gefällt: von der Problemdefinition über die Erarbeitung von Alternativen zur Umsetzung.
Kontollieren Messen Beurteilen	Kontrolle ist weder unmodern noch überflüssig. Vertrauen und Kontrolle bilden idealerweise eine Balance in einer robusten Arbeitsbeziehung.
Fördern und Fordern von Menschen	Die Führungskraft muss in der Lage sein, die Eigenmotivation ihrer Mitarbeiter durch sinnvolle Ziele zu nutzen.

Führungskompetenzen müssen erworben werden

Ein weiterer prominenter Ansatz in der Führungswissenschaft geht davon aus, dass Führen erlernt werden kann und erlernt werden muss, wie dies z. B. das St. Galler Management-Modell postuliert.[1]

erlernbare Führungskompetenzen

> **Achtung:**
> In einer modernen Gesellschaft erscheint der Ansatz der allgemeinen Lernbarkeit von Management jedoch zu pauschal und vereinfachend. Die Lösung liegt in der Mitte. Denn nicht alle Mitarbeiter können das Führen lernen. Ein wichtiger Aspekt ist, dass der Mitarbeiter eine Führungsaufgabe wahrnehmen *möchte*. Er muss einen Führungswillen mitbringen.

Mitarbeiter, die in einer Gruppe eine Position als Helfer oder Mitarbeiter einnehmen (so genannte Gamma-Position), können für Führungspositionen nicht erfolgreich ausgebildet werden. Denn obwohl sie unter Umständen sehr gute Ergebnisse für das Unternehmen erbringen, scheitern sie etwa in Fragen der Personalführung, wenn ihnen eine Position als Projektleiter oder Personalverantwortlicher zugetragen wird (Beta-Position) und sie Führungsaufgaben erfüllen müssen (vgl. zu den Gruppenpositionen auch die Ausführungen in Kapitel 7, S. 124).

> **Beispiel**
> Herr Meier hat eine große Verkaufsbegabung. Die nächste Position in seiner Laufbahn sieht jedoch die Übernahme von Personalverantwortung vor. Obwohl Herr Meier keine große Lust zur Übernahme von Führungsaufgaben verspürt und viel lieber beim Kunden ist, wird er auf die Führungsposition befördert.
> Die Mitarbeiter sehen ihren neuen Vorgesetzten kaum. Er versteckt sich hinter seinen Aufgaben, ist häufig bei Kunden und überlässt seine Mitarbeiter sich selbst. Statt seine Mitarbeiter konstruktiv zu führen, pflegt Herr Meier einen einseitig-autoritären Führungsstil. Wenn etwas schief läuft, werden die Mitarbeiter einfach „abgestraft".

---

[1] Johannes Rüegg-Stürm (2003): *Das neue St. Galler Management-Modell. Grundkategorien einer integrierten Managementlehre*, Bern/Stuttgart (Haupt Verlag).

Das Beispiel zeigt in überspitzter Weise, dass die Übernahme von Personalverantwortung keinen Sinn macht, wenn der Führungswille fehlt. Die Folgen dieser Fehlbesetzung sind Unzufriedenheit und Demotivation der Mitarbeiter, schließlich die Abnahme der Produktivität und Verschlechterung der operativen Ergebnisse der betroffenen Arbeitsgruppe.

Der Hockey-Stick-Effekt

Menschen müssen für die Übernahme von Führungspositionen ausgebildet werden, um diese erfolgreich ausfüllen zu können. Zugleich müssen sie auch einen Führungswillen mitbringen, d. h. eine Persönlichkeitsstruktur haben, die die Übernahme von Führungsverantwortung begünstigt (vgl. hierzu den Test auf Seite 25).

Achtung:
Ein Mitarbeiter, der zu früh und ohne Vorbereitung Führungsverantwortung übernimmt, wird keine dauerhaften Erfolge vorweisen können und mit schlechten operativen Ergebnissen am langen Arm verhungern.

Auch wenn eine Person über die erforderlichen Persönlichkeitsmerkmale und Einstellungen verfügt, etwa durch familiäre Vorprägung, würde sie durch eine unvorbereitete Übernahme von Führungsverantwortung, am so genannten Hockey-Stick-Effekt scheitern. Die Abbildung auf der folgenden Seite veranschaulicht, was darunter zu verstehen ist: Auf der X-Achse ist der Zeitverlauf dargestellt. Die Y-Achse bildet die Leistungen bzw. Ergebnisse des Mitarbeiters ab. Mit der Übernahme von neuen Aufgaben, der Führungsverantwortung, brechen die Leistungen zunächst ein. Es werden unterdurchschnittliche Ergebnisse erzielt. Im weiteren Zeitverlauf nehmen dann die Leistungen aber deutlich zu, sodass die früheren Leistungen schließlich sogar übertroffen werden. In der grafischen Darstellung ergibt sich eine J-Kurve, also eine Kurve in Form eines Hockeyschlägers (vgl. die folgende Abbildung).

Fazit

Wenn dieses Phänomen in einem Unternehmen nicht bekannt ist und im Führungsprozess nicht berücksichtigt wird, werden dem Mitarbeiter in Führungsverantwortung negative Ergebnisse zur Last gelegt und begonnene Aktivitäten abgebrochen, noch bevor die Erfolge eintreten würden.

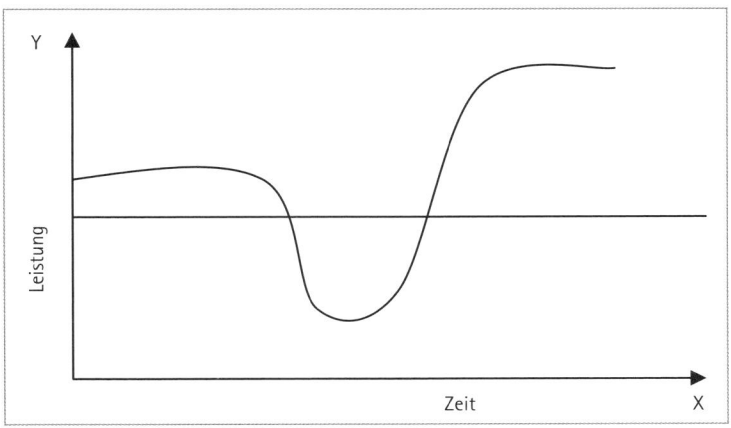

Abb.: „Hockey-Stick-Effekt" im Veränderungsprozess

Test: Sind Sie eine Führungspersönlichkeit?

Mithilfe des folgenden Tests[2] finden Sie heraus, ob Ihre persönlichen Einstellungen Sie für die Übernahme von Führungsaufgaben qualifizieren. Bewerten Sie die folgenden Aussagen nach Ihrem Selbstverständnis (trifft voll zu = 3 Punkte, trifft zum Teil zu = 2 Punkte, trifft weniger zu = 1 Punkt, trifft gar nicht zu = 0 Punkte). Tragen Sie nun in die rechte Spalte Ihre jeweilige Punktzahl ein und ermitteln Sie die Gesamtsumme. Im Anschluss an den Test finden Sie die Auswertung.

Test: Sind Sie eine Führungspersönlichkeit?	Punktzahl
Ich bin stolz, eine Führungskraft zu sein.	
Unangenehmes packe ich direkt an.	
Meine Karriere habe ich geplant.	
Meine Mitarbeiter wissen genau, was ich von ihnen erwarte.	

siehe CD-ROM

---

[2] Franz Hölzl und Nadja Raslan: Führungstechniken Trainer, München 2008, Haufe.

25

Test: Sind Sie eine Führungspersönlichkeit?	Punkt-zahl
In kritischen Situationen bleibe ich ruhig und gelassen.	
Mir ist wichtig, dass meine Mitarbeiter mir vertrauen.	
Ich kenne die Stärken und Schwächen meiner Mitarbeiter sehr gut.	
Andere hören mir gern zu und fragen mich nach meiner Meinung.	
Meine Mitarbeiter dürfen Fehler machen, wenn sie daraus lernen.	
Ich stehe gern im Mittelpunkt.	
Konflikte bergen immer auch Chancen.	
Ich hole mir regelmäßig Feedback von anderen ein.	
Ich zeige offen meine Schwächen.	
Der Überblick über das Ganze ist mir wichtiger als ausgeprägtes Detailwissen.	
Meine Mitarbeiter dürfen fachlich besser sein als ich.	
Mich interessiert der persönliche Hintergrund meiner Mitarbeiter.	
Bei der Beurteilung anderer sehe ich zumeist mehr Stärken als Schwächen.	
Ich erkenne die Gefühle und Bedürfnisse bei anderen recht gut, auch ohne dass diese geäußert werden.	
Ich habe eine klare Vorstellung davon, wo ich in zehn Jahren beruflich stehen werde.	
Neue und herausfordernde Aufgaben spornen mich an, auch wenn das Ergebnis ungewiss ist.	
Ich kenne die Einflussfaktoren auf meine Eigenmotivation genau und steuere diese bewusst.	
Ich kenne meine persönlichen Stärken und Schwächen gut.	
Ich tausche mich regelmäßig mit anderen über meine beruflichen Probleme aus.	

Test: Sind Sie eine Führungspersönlichkeit?	Punkt-zahl
Ein stabiles soziales Umfeld mit Familie, Freunden und Bekannten, das mich in schwierigen Situationen stützt, ist mir wichtig.	
Ich vermeide Dinge, die meiner Gesundheit schaden.	
Ich achte auf eine Balance zwischen Arbeits- und Privatleben.	
Mir ist die Arbeitszufriedenheit meiner Mitarbeiter wichtig.	
Meine Mitarbeiter dürfen Regeln brechen, wenn dies der Sache dient.	
Meine Mitarbeiter geben mir auch kritische Rückmeldungen.	
Summe	

Addieren Sie nun Ihre Punkte und lesen Sie die Auswertung des Führungstests.

Auswertung

60–93 Punkte

Sie verfügen über eine gute Ausgangsbasis, um erfolgreich zu sein. Ihre persönlichen Einstellungen unterstützen Sie dabei, andere Menschen souverän zu führen. Natürlich gibt es immer Themen, in denen man sich verbessern kann – und eine gute Führungskraft hört nie auf, daran zu arbeiten.

30–59 Punkte

In einigen Bereichen könnten Sie souveräner werden, um auch kritische Führungssituationen noch professioneller zu meistern. Nutzen Sie z. B. Möglichkeiten wie Führungsseminare, Coaching oder Beratung, um Ihre Führungspersönlichkeit weiterzuentwickeln.

0–29 Punkte

Ihr Verständnis von Führung ist weniger dazu geeignet, andere zu begeistern und zu motivieren. Sie sollten kritisch Ihre Haltung zu Mitarbeitern und Ihren Führungsstil hinterfragen und sich in Bezug auf die Anwendung von Führungsinstrumenten fortbilden.

1.2   Vielfältige Anforderungen an Führungskräfte

Als Führungskraft müssen Sie mit vielen unterschiedlichen Anforderungen umgehen:

- Aus Unternehmenssicht wird erwartet, dass Sie das Unternehmen weiterbringen, also zum wirtschaftlichen Erfolg maßgeblich beitragen und es nach außen repräsentieren.
- Ihre Mitarbeiter haben einen Anspruch auf klare Führung: Dazu gehört u. a., dass Sie Aufgaben und Ziele klar und eindeutig formulieren und kontrollieren, dass Sie Ihren Mitarbeitern ein Feedback geben und sie motivieren.
- Neben den Anforderungen von Unternehmensseite und Ihren Mitarbeitern haben Sie natürlich auch eigene Wünsche und Vorstellungen, wie Sie Ihr Berufsleben und Ihre Laufbahn gestalten wollen.

Angesichts dieser vielfältigen Anforderungen und Ziele lässt es sich manchmal nicht vermeiden, dass die unterschiedlichen Ansprüche in Konflikt miteinander geraten. Zielkonflikte gehören zu den typischen Herausforderungen des Führungsalltags, mit denen Sie umgehen müssen.

Ambiguitäts-toleranz

Die Psychologie kennt hier den Begriff „Ambiguitätstoleranz". Darunter wird die Fähigkeit verstanden, mit Widersprüchen umgehen und widerstreitende Interessen aushalten zu können.

Beispiel:

Häufige Spannungsfelder für Führungskräfte sind:

- Unternehmensverantwortung versus Mitarbeiterverantwortung
- Gleichbehandlung der Mitarbeiter versus Berücksichtigung von individuellen Leistungsunterschieden

Anforderungen an Führungskräfte im Management

Oftmals werden Mitarbeiter befördert, weil sie in ihrer operativen Funktion überdurchschnittliche Leistungen erbracht haben oder über außerordentliche Fachkenntnisse verfügen. Auf höheren Führungsstufen müssen sich diese Führungskräfte allerdings neuen

Anforderungen und Aufgaben stellen. Auf der Managementebene lassen sich drei Führungsstufen unterscheiden:
- mittleres Management
- oberes Management
- Top-Management

Im mittleren Management arbeiten Gruppenleiter und Teamleiter. Hier stehen operative Ergebnisse im Vordergrund. Darüber hinaus werden auch Kompetenzen in der Mitarbeiterführung verlangt. Sie sollen die Mitarbeiter anleiten, fördern und fordern, um gute Ergebnisse zu erzielen.

Zum oberen Management gehören Abteilungsleiter und Geschäftsführer. Auf dieser Managementebene geht es um Strategie und Planung. Sie geben Empfehlungen an das Top-Management, tragen aber auch Mitarbeiterverantwortung für die Führungskräfte des mittleren Managements.

Im Top-Management und in der Führungsspitze (Eigentümer, Vorstand) geht es um politische Kontakte und Netzwerke. Von den Top-Managern wird diplomatisches bzw. politisches Handeln verlangt.

Auf allen drei Ebenen geht es immer um Information und Kommunikation. Wer von der Ressource Information abgeschnitten oder aus Kommunikationszusammenhängen herausgefallen ist, kann den hohen Anforderungen im Management nicht mehr gerecht werden.

Aufgaben und Anforderungen auf unterschiedlichen Führungsstufen		
mittleres Management	Gruppenleiter Teamleiter	operative Ergebnisse stehen im Vordergrund
oberes Management	Abteilungsleiter Geschäftsführung	Empfehlungen für Vorgesetzte sowie Motivation und Ansporn für Mitarbeiter
Top-Management	Eigentümer Vorstand	Diplomatie und Politik stehen im Vordergrund

Abb.: Aufgaben und Anforderungen auf unterschiedlichen Führungsstufen

1.3   Welche Führungsstile gibt es und wie sind diese zu bewerten?

Die Diskussion der unterschiedlichen Führungsstile mit ihren Vor- und Nachteilen soll im Folgenden mit einer grundsätzlichen Überlegung zum Begriff der Führung eingeleitet werden.

Was ist Führung bzw. Management?

Führungs-
beziehung

Die Begriffe „Führung" und „Management" werden in diesem Buch synonym verwendet. „Führung" bezeichnet eine soziale Beziehung zwischen dem Manager („Führungskraft") und seinen Mitarbeitern („Geführte"). Diese Führungsbeziehung ist durch eine mehr oder weniger stark ausgeprägte Asymmetrie bzw. Vertikalität gekennzeichnet. In diesem Zusammenhang spricht man auch von *Machtdistanz*. Die Ungleichheit zwischen der Führungskraft und ihren Mitarbeitern beschränkt sich (im westlichen Kulturkreis) auf das Arbeitsumfeld. Nur innerhalb des Arbeitsverhältnisses hat die Führungskraft mehr Rechte, aber auch mehr Verantwortung als ihre Mitarbeiter. Die Führungsbeziehung ist somit Teil der (sozialen) Arbeitsorganisation. Diese Ungleichheit wird in der Regel von beiden Seiten akzeptiert. Sie ermöglicht es, dass eine Partei bestimmen kann, was die andere zu tun hat und unter Umständen auch, wie sie es zu tun hat.

Bei diesen Überlegungen wird eine Führungsbeziehung westlicher Prägung zugrunde gelegt. Wie Kapitel 12 „Interkulturelle Kommunikation" zeigt, beschränkt sich die Ungleichheit zwischen Führungskräften und Mitarbeitern in Ländern aus anderen Kulturkreisen, wie z. B. Japan, nicht auf die berufliche Rolle. Die Führungsbeziehung ist also kulturell unterschiedlich ausgestaltet.

> **Achtung:**
> Wie überall in menschlichen Beziehungen ist auch in der Führungsbeziehung eine Vielzahl von psychologischen Phänomenen am Werk. Eine erfolgreiche Führungskraft sollte diese psychologischen Phänomene kennen und in ihrer Führungstätigkeit berücksichtigen.

Welche Führungsstile gibt es und wie sind diese zu bewerten?

1

Aus Sicht der Führungskraft stellt sich hier die grundsätzliche Frage: Wie muss die Führungsbeziehung gestaltet werden, damit die betrieblichen Aufgaben optimal erfüllt werden können? Wie lässt sich die Führungsbeziehung optimal gestalten? Was kennzeichnet einen erfolgreichen Führungsstil?

Die Wahl des richtigen Führungsstils

Welchen Führungsstil pflegen Sie? Wie gestalten Sie die Beziehung zu Ihren Mitarbeitern? Die Entscheidung für einen Führungsstil ist von verschiedenen Faktoren abhängig. Neben Ihrer Persönlichkeit, die Ihnen einen bestimmten Führungsstil gewissermaßen nahelegt, spielen weitere Faktoren für die Wahl des „richtigen" Führungsstils eine Rolle: Ein entscheidender Faktor wird die Art der Tätigkeit sein, die in dem Unternehmen ausgeübt wird. Ein anderer Faktor stellt die Persönlichkeit bzw. Reife des Mitarbeiters dar. Ein selbstständig arbeitender Mitarbeiter muss anders geführt werden als ein junger Mitarbeiter, der in seiner Tätigkeit noch unsicher ist.

Im Folgenden lernen Sie vier unterschiedliche Führungsstile mit ihren Vor- und Nachteilen kennen. Es handelt sich hier um vier Grundtypen, an denen gezeigt werden soll, dass sich Führungsstile grundsätzlich nach den Kriterien „Verhältnis zum Mitarbeiter" und „Produktivität bzw. Effizienz" unterscheiden lassen. Diese Überlegungen haben zunächst keinen unmittelbaren praktischen Nutzen, sie helfen Ihnen aber, sich grundsätzlich über Ihr Selbstverständnis als Führungskraft klar zu werden.

1. Der autoritäre Führungsstil

Der autoritäre Führungsstil betont die Ungleichheit zwischen der Führungskraft und ihren Mitarbeitern. Es werden knappe Anweisungen erteilt, die die Mitarbeiter fehlerfrei und effizient befolgen sollen. Wenn es in diesem strengen Arbeitsablauf zu Fehlern kommt, setzt die Führungskraft gezielt Sanktionen ein. Diskussionen über die Arbeitsanweisungen oder die Weise, wie die Tätigkeiten auszuführen sind, finden nicht statt.

Der Nutzen des autoritären Führungsstils liegt auf der Hand: Er ist sehr effizient, weil er einfach ausgeführt werden kann. Allerdings setzt dieser Führungsstil Tätigkeiten voraus, die „blind", von un- Vor- und Nachteile selbstständigen Mitarbeitern verrichtet werden können. Die Arbeitsabläufe müssen sehr gleichförmig und standardisiert sein. Da die Mitarbeiter in diesem Modell lediglich Ausführende sind, werden sie nur mitarbeiten, wenn sie z. B. keine beruflichen Alternativen haben oder wenn es konkrete (finanzielle) Anreize gibt. Da die Arbeit selbst nicht motivierend ist, müssen ganz handfeste finanzielle Anreizsysteme implementiert werden.

Direktives Führen in Null-Toleranz-Organisationen

So genannte Null-Toleranz-Organisationen erfordern klare, kurze Absprachen ebenso wie einen weitgehenden Verzicht auf verbale Sprache, die eine häufige Quelle für Ungenauigkeiten und Fehler ist. Checklisten und klare Ablaufpläne übernehmen die Funktion der Sprache.

> **Beispiel:**
>
> Die Organisationsstruktur eines Atomkraftwerks, der Flugverkehr oder die Durchführung von medizinischen Operationen im Krankenhaus sind Beispiele für Null-Toleranz-Situationen, in denen die Sprache streng reglementiert und formalisiert sein muss.

Wichtig ist, dass in diesen Bereichen das Fehlen von aktiver, verbaler Kommunikation im Vorfeld erläutert werden sollte und den beteiligten Mitarbeitern die Notwendigkeit des direktiven, „autoritären" Führungsstils vermittelt wird. Wenn diese Aspekte berücksichtigt werden, wird der direktive Führungsstil in der Regel von den Mitarbeitern akzeptiert.

2. Der patriarchalische Führungsstil

Im Unterschied zum autoritären Führungsstil werden in dem patriarchalischen Modell die Persönlichkeit und die Interessen der Mitarbeiter bei der Führung berücksichtigt.

Vorbildfunktion der Führungskraft

Die Führungskräfte werden als Autoritäten von den Mitarbeitern anerkannt und geachtet. Sie haben Vorbildfunktion. Die Meinungen der Mitarbeiter zu Fragen der Arbeitsorganisation werden gehört, aber nicht im demokratischen Sinn in die Entscheidung eingebunden. Die Mitarbeiter fühlen sich als Leistungsträger geschätzt. Auf der anderen Seite gewährt das Unternehmen den Mitarbeitern Sicherheit.

Dieser Führungsstil ist häufig in traditionellen Familienunternehmen anzutreffen. Dort kommt dem Firmenchef bzw. den Vorgesetzten eine Rolle zu, die mit derjenigen eines patriarchalischen Familienvaters verwandt ist. Der *pater familias* übernimmt Verantwortung für seine Familie und bietet den Familienmitgliedern Sicherheit. Im Gegenzug verlangt er die Einhaltung von Regeln und Gehorsam.

Eine Führungskraft, die einen patriarchalischen Führungsstil pflegt, muss stets darauf achten, dass ihr Verhalten von den Mitarbeitern als gerecht angesehen wird.

3. Der konsensorientierte Führungsstil

Dieser Führungsstil zeichnet sich dadurch aus, dass nur ein geringer Rangunterschied zwischen Vorgesetzten und Mitarbeitern besteht. Die Führungsbeziehung ist durch geringe Asymmetrie bzw. Vertikalität gekennzeichnet.

Für die Führungskraft stellt dieser Führungsstil eine große Herausforderung dar: Er muss seine Mitarbeiter systematisch in seine Entscheidungen einbinden und immer wieder einen Konsens mit ihnen herstellen. Die Führungskraft kann nicht einfach Arbeitsanweisungen erteilen und ihre Befolgung einfordern. Sie muss zunächst immer um die Akzeptanz ihrer Mitarbeiter werben. Die Prozesse der Abstimmung und Meinungsbildung können sehr mühselig und zeitraubend sein, vor allem aber verringern sie die Produktivität.

Die Aufgabe der Führungskraft

Allerdings gibt es Arbeitszusammenhänge, z. B. im kreativen Bereich, in denen der konsensorientierte Führungsstil durchaus seine Vorzüge hat. Da die Meinung der Mitarbeiter in Führungsentscheidungen berücksichtigt wird, ist davon auszugehen, dass die Arbeitsmotivation der Mitarbeiter sehr hoch sein wird.

In vielen Fällen verbirgt sich hinter einem konsensorientierten Führungsstil jedoch Führungsschwäche.

Das Problem der Führungsschwäche

Gerade jungen Führungskräften fällt es oft schwer, Leistungen von Mitarbeitern einzufordern. Das Kommunizieren von Fehlern gegenüber Mitarbeitern oder externen Dienstleistern und das Einfordern von Leistungen ist jedoch ein wesentlicher Bestandteil einer erfolgreichen Führungskommunikation. Führungsschwäche ist oft auch Entscheidungsschwäche.

Entscheidungsschwäche

Folgende Aspekte schwächen die Führungskommunikation:

* hohes Harmoniebedürfnis
* mangelnde Durchsetzungsfähigkeit
* mangelnder Entscheidungswille
* introvertierte Persönlichkeitsstruktur

Beispiel

Eine Architektin übernimmt nach dem Studium eine Stelle als Bauaufsicht. Zu ihren Aufgaben gehören das Kommunizieren von Fehlern und das Einfordern von Nachbesserungen gegenüber Handwerkern auf unterschiedlichen Baustellen.

Die Mitarbeiterin stößt in der ruppigen Welt der Handwerker rasch an ihre Grenzen, da sie es aus ihrer Studienzeit gewohnt ist, Fehler und Mängel auszudiskutieren. Als Frau in der Funktion der Bauaufsicht hat sie zudem Akzeptanzprobleme bei den in der Mehrzahl männlichen Handwerkern. Nach sechs Monaten quittiert die Architektin den Dienst in der Position.

4. Der mitarbeiterzentrierte Führungsstil

geringe Vertikalität bei hoher Effizienz

Der mitarbeiterzentrierte Führungsstil ist gekennzeichnet durch einen geringen sozialen Unterschied zwischen Führungskraft und Mitarbeiter bei gleichzeitig hoher Effizienz.

Der gezielte Einsatz von Führungsinstrumenten ermöglicht einen Führungsstil, der sich individuell an die Fähigkeiten und die Persönlichkeit der einzelnen Mitarbeiter orientiert. Die Mitarbeiter werden ihren Kompetenzen entsprechend eingesetzt. Durch klare Zielvereinbarungen, Beurteilungsgesprächen und konstruktiven Rückmeldungen weiß jeder Mitarbeiter, was er zu tun hat und in welchem größeren Zusammenhang seine Tätigkeit steht. Die Mitarbeiter werden zudem regelmäßig für ihre Aufgaben qualifiziert.

Dieser Führungsstil ist ein Idealtyp, der besonders anspruchsvoll ist und die höchsten Ansprüche an die Führungskraft stellt: Sie muss alle Führungsinstrumente professionell beherrschen, die Stärken und Schwächen seiner Mitarbeiter gut kennen und über psychologisches Grundwissen verfügen. In wirtschaftlich schwierigen Zeiten wird es für eine Führungskraft oder einen Manager mit Sicherheit schwierig sein, diesen Führungsstil dauerhaft einzusetzen.

Welche Führungsstile gibt es und wie sind diese zu bewerten?

1

In den folgenden Kapiteln lernen Sie viele Techniken und Methoden kennen, um diesen „idealen" Führungsstil in Ihrem Unternehmen umzusetzen.

Situatives Führen – das Reifegrad-Modell

Nach Ken Blanchard und Paul Hersey[3] geht das Modell des situativen Führens davon aus, dass jeder Mitarbeiter nach seinem Reifegrad und Kenntnisstand geführt werden sollte. Der Reifegrad ergibt sich aus dem Willen (psychische Reife) und der Fähigkeit des Mitarbeiters, eine Aufgabe selbstständig auszuführen.

Reifegrad des Mitarbeiters

Diese Form der Führung ist in vier Stufen unterteilt. Im vollen Umfang geht das Modell davon aus, dass der Mitarbeiter weiß, was er zu tun hat und die Aufgabe selbstständig ausführen kann und will. Dieser Führungsstil teilt viele Aspekte mit der Führungsmethode Führen mit Zielen.

Wenn die Mitarbeiter über einen hohen Reifegrad verfügen, also selbstständig und eigenverantwortlich arbeiten können, ist eine nondirektive Führung im Sinne des Reifegrad-Modells möglich. In der Regel ist dies der Fall, wenn der Mitarbeiter längere Zeit im Unternehmen tätig ist und die Arbeitsabläufe sehr gut kennt.

nondirektive Führung

Trotzdem müssen Ziele erbracht werden und die Führungskraft muss immer in der Lage sein, regulierend einzugreifen. Deswegen ist eine Form der Kontrolle und Regulierung der Leistung des Mitarbeiters auch beim nondirektiven Führen erforderlich, wenngleich diese Maßnahmen in größeren Abständen erfolgen können.

Führungspersönlichkeit und Führungsstil

Ein wichtiger Aspekt ist die individuelle Persönlichkeitsentwicklung der Führungskraft, die mit der Mitarbeiterführung beauftragt ist. Dies wird in dem Ansatz von Fred Edward Fiedler deutlich.[4] In Fiedlers Kontingenztherorie gibt es unterschiedliche Führungssituatio-

Kontingenztheorie

[3]   Hersey, P (1986): *Situatives Führen*, Landsberg am Lech.
      Hersey, P. und K.H. Blanchard K.H. (1987): *Management of organizational behaviour: Utilizing human ressources*, New York (Englewood).
[4]   Fiedler, Fred Edward und J.E. Garcia (1987): *New Approaches to Leadership, Cognitive Resources and Organizational Performance*, New York.

nen, in denen unterschiedliche Führungspersönlichkeiten agieren. Nach dieser Theorie wird der Führungsstil sowohl von der Persönlichkeit der Führungskraft als auch von dem Verhältnis zwischen Führungskraft und Mitarbeiter, also situativen Faktoren, bestimmt. Wenn eine junger Mann oder eine junge Frau ein Start-Up-Unternehmen gründet, wird sich der Führungsstil deutlich von dem eines erfahrenen Seniors unterscheiden, der ein alt eingesessenes Unternehmen führt.

Welche Einstellung haben Sie zu Ihren Mitarbeitern?

Haltung
gegenüber den
Mitarbeitern

Welche Haltung haben Sie gegenüber Ihren Mitarbeitern? Diese grundsätzliche Frage betrifft Ihr Selbstverständnis als Führungskraft. Von Ihrer persönlichen Antwort hängt es ab, wie Sie mit Ihren Mitarbeitern umgehen und welchen Führungsstil Sie wählen.

Sehen Sie Ihre Mitarbeiter als Kollegen und Partner, die mit Ihnen auf gleicher Ebene stehen und mit deren Hilfe Sie gemeinsam Ziele erreichen wollen? Oder sehen Sie Ihre Mitarbeiter eher als untergeordnete Befehlsempfänger, die Ihren Anweisungen zu folgen haben und keine besondere Wertschätzung verdienen? Dies sind zwei zugespitzte Haltungen, um das folgende psychologische Phänomen deutlich zu machen:

Übertragung

Ihre persönliche Einstellung oder Haltung teilt sich Ihren Mitarbeitern mit. Ihre Mitarbeiter fühlen, welche Einstellung Sie ihnen gegenüber haben bzw. mit welcher Einstellung oder Haltung sie geführt werden. Ihr Erfolg als Führungskraft wird maßgeblich mitbestimmt von der Akzeptanz Ihrer Mitarbeiter.

Die folgende kleine Checkliste möchte Sie einladen, sich über Ihre grundsätzliche Beziehung zu Ihren Mitarbeitern klar zu werden.

Checkliste: Welche Einstellung haben Sie zu Ihren Mitarbeitern?	
Sie sehen Ihre Mitarbeiter als Partner, mit denen Sie gemeinsam Aufgaben bewältigen.	
Sie sehen Ihre Mitarbeiter als Zuarbeiter, die Ihre Aufgaben umsetzen.	
Sie tragen die Verantwortung für die erfolgreiche Bewältigung der Aufgaben. Deswegen haben Sie das letzte Wort, wie die einzelnen Aufgaben umgesetzt werden.	
Sie beteiligen die Mitarbeiter an der Planung und beziehen Sie in der Phase der Problemlösung ein.	
Sie bringen Ihren Mitarbeiter besondere Wertschätzung entgegen und loben ihre Arbeit regelmäßig.	
Sie verlangen, dass Ihre Mitarbeiter die Arbeit so erledigen, wie Sie es angewiesen haben.	

2 Verantwortung und Vertrauen in der Führungstätigkeit

Dieses Kapitel ist den sozialpsychologischen Kategorien *Verantwortung* und *Vertrauen* gewidmet, die für die Zusammenarbeit im Unternehmen und für den Erfolg in der Mitarbeiterführung eine grundlegende Rolle spielen. Erst auf der Basis einer vertrauensvollen und tragfähigen Zusammenarbeit, die auch als *Leadership* bezeichnet werden kann, ist der Einsatz von Führungsinstrumenten und -Methoden, wie sie in Teil II vorgestellt werden, wirkungsvoll.

Klima des Vertrauens

In diesem Kapitel erfahren Sie,

- was Vertrauen auszeichnet (Kapitel 2.1),
- wie Sie die Ressource Vertrauen für Ihre Führungsarbeit nutzen (Kapitel 2.2),
- wie Sie das Vertrauen Ihrer Mitarbeiter gewinnen und eine tragfähige Vertrauenskultur im Unternehmen etablieren (Kapitel 2.3 und 2.4) und
- welche Bedeutung Verantwortung und Vertrauen im Unternehmen haben (Kapitel 2.5).

2.1 Was zeichnet Vertrauen aus?

Im Laufe des Lebens sind wir immer wieder und auf vielfältige Weise darauf angewiesen, dass wir uns auf andere verlassen können. Wir vertrauen z. B. darauf, dass unser Taxifahrer nicht alkoholisiert fährt oder wir bei Grün gefahrlos die Straße überqueren können. Aber auch im beruflichen Umfeld vertrauen wir darauf, dass die täglichen Arbeitsabläufe im Wesentlichen funktionieren. In dieser allgemeinen Betrachtung hat Vertrauen viel mit Sicherheit zu tun. Dieses Grundvertrauen – etwa auch auf die Funktionstüchtigkeit unseres Körpers – bildet einen selbstverständlichen Hintergrund für unser berufliches und privates Handeln.

Grundvertrauen

Vertrauen und Verantwortung im Arbeitsumfeld

Verantwortung und Vertrauen sind zwei zentrale sozialpsychologische Kategorien, die für die erfolgreiche Zusammenarbeit aller Mitarbeiter und Führungskräfte in einem Unternehmen eine grundlegende Rolle spielen.

wechselseitiges
Vertrauens-
verhältnis

Der Erfolg der Zusammenarbeit im Unternehmen setzt voraus, dass zwischen Ihnen und Ihren Mitarbeitern ein wechselseitiges Vertrauensverhältnis besteht. Wenn Sie die Arbeit Ihrer Mitarbeiter anleiten und ihnen Aufgaben übertragen, vertrauen Sie darauf, dass Ihre Mitarbeiter die Aufgaben kompetent und zuverlässig erledigen. Ihre Mitarbeiter schenken wiederum Ihnen Vertrauen, dass ihre Aufgaben und Ziele mit den übergeordneten Unternehmenszielen in einem vernünftigen Zusammenhang stehen. Sie vertrauen auf Ihre Führungskompetenz. Auch die Kategorie Verantwortung zeichnet sich durch eine solche Wechselseitigkeit aus. Denn wenn Sie Ihren Mitarbeitern Aufgaben anvertrauen, übertragen Sie ihnen immer auch Verantwortung. Umgekehrt tragen Sie als Führungskraft die Verantwortung für das Funktionieren der Arbeitsprozesse, für Ihre Mitarbeiter und – nicht zuletzt – für den Unternehmenserfolg.

Vertrauen ist eine wechselseitige Beziehung

Als Führungskraft ist es Ihre Aufgabe, Arbeitsprozesse zu organisieren. Dazu gehört, dass Sie die einzelnen Arbeitsschritte festlegen und die geeigneten Mitarbeiter auswählen. An diesem Punkt kommt die Kategorie Vertrauen ins Spiel: Da Sie die einzelnen Aufgaben innerhalb des Arbeitsprozesses nicht (alle) selbst ausführen können, sind Sie darauf angewiesen, Ihren Mitarbeitern Aufgaben zu übertragen. Sie vertrauen dann auf seine oder ihre fachliche Kompetenz und die Bereitschaft (den Willen), die Aufgabe erfolgreich zu erledigen. Sie übertragen dem Mitarbeiter die Verantwortung für diese Aufgabe.

In der Führungsbeziehung, also in der Beziehung zwischen der Führungskraft und ihren Mitarbeitern, wirkt sich Vertrauen in zwei Richtungen aus:

1. Die Mitarbeiter vertrauen der Führungskraft und ihren Managementfähigkeiten. Sie verlassen sich z. B. darauf, dass die Aufgabenstellungen und Arbeitsabläufe sinnvoll organisiert sind. Sie vertrauen darauf, dass die Führungskraft die Stärken und Schwä-

chen ihrer Mitarbeiter richtig einschätzen kann und diese entsprechend ihren Fähigkeiten richtig einsetzt. Die Mitarbeiter setzten aber auch in die Person der Führungskraft vertrauen. Sie verlassen sich etwa darauf, dass ihr Vorgesetzter vertrauliche Informationen über sie für sich behält und ihre Schwächen nicht ausnutzt.

2. Die Führungskraft vertraut ihren Mitarbeitern, wenn sie verantwortungsvolle Aufgaben überträgt oder vertrauliche Informationen an einzelne Mitarbeiter weitergibt. Sie vertraut darauf, dass der Mitarbeiter seine Aufgabe fachgerecht und zuverlässig erledigt und der Mitarbeiter sie rechtzeitig informiert, wenn es im Arbeitsprozess zu Schwierigkeiten kommt.

Vertrauen und Risiko

Mit der Übertragung von Verantwortung bzw. Vertrauen ist – grundsätzlich gesprochen – immer ein Risiko verbunden. Denn es gibt keine Garantie, dass der Mitarbeiter seiner Aufgabe gewachsen ist. Vielleicht haben Sie dem Falschen Ihr Vertrauen geschenkt oder Ihr Mitarbeiter lässt Sie im Stich. Ein gesundes Misstrauen und die Erfahrung mit Ihren Mitarbeitern schützen Sie vor Fehleinschätzungen.

Mit der Übertragung von Vertrauen ist immer eine Arbeitsentlastung für denjenigen verbunden, der vertraut. Von dieser positiven Wirkung könnten Sie nicht profitieren, wenn Sie Ihren Mitarbeitern nicht vertrauen.

Vertrauen in Arbeitszusammenhängen zeichnet sich – zusammenfassend gesagt – durch folgende Aspekte aus:

- die Übertragung von Verantwortung an den Mitarbeiter
- das Zutrauen in die erfolgreiche Ausführung der Aufgaben
- die Arbeitsentlastung der Führungskraft
- das Risiko, dass der Mitarbeiter das in ihn gesetzte Vertrauen enttäuscht

2.2 Vorteile einer Vertrauensbeziehung

Vertrauen erweitert den Handlungsspielraum

Vertrauen ist eine wichtige sozialpsychologische Ressource, die den Handlungsspielraum der Führungskraft erweitert. Wenn Sie Ihrem Mitarbeiter eine Aufgabe anvertrauen, brauchen Sie sich nicht mehr selbst um sie zu kümmern. Damit gewinnen Sie Freiraum und Ressourcen für andere (komplexere) Tätigkeiten, also für die eigentlichen Managementaufgaben. In diesem Sinn lässt sich Vertrauen als Ressource verstehen, die unseren Handlungsspielraum erweitert.

Vertrauen in den Mitarbeiter setzen

Wenn Sie Ihrem Mitarbeiter Ihr Vertrauen aussprechen, hat dies zweierlei Wirkungen:

1. Sie geben Ihrem Mitarbeiter einen Vertrauensvorschuss und riskieren, dass Ihre Erwartungen enttäuscht werden.
2. Sie motivieren Ihren Mitarbeiter durch Ihr Vertrauen, fordern nun jedoch das Erreichen von Zielen, weil der Mitarbeiter eine Gegenleistung erbringen muss. Er muss zeigen, dass er Ihr Vertrauen auch verdient hat.

Kehrseite des Vertrauens

Aber Vertrauen hat auch eine Kehrseite: Wenn Sie Ihrem Mitarbeiter eine Aufgabe oder Informationen anvertrauen, sind Sie in gewisser Weise an ihn gebunden. Ihr Vertrauen kann enttäuscht werden.

So nutzen Sie Vertrauen in der Mitarbeiterführung

Die sozialpsychologische Kategorie Vertrauen bezeichnet eine Einstellung im Verhältnis zu Ihren Mitarbeitern, die viele Vorteile hat. Die Arbeitsentlastung stellt den größten Nutzen dar für denjenigen, der vertraut. Aber es gibt noch weitere Gründe, warum sich Vertrauen in der Führungstätigkeit lohnt:

siehe CD-ROM

- Vertrauen spart Kosten, weil weniger Arbeitskontrollen durchgeführt werden müssen, wenn Sie Ihren Mitarbeitern vertrauen (können).
- Durch Vertrauen können Arbeitsabläufe abgekürzt werden. Einem Mitarbeiter, dem Sie vertrauen, werden Sie nicht für jede Aufgabe aufwendig einweisen. Stattdessen verlassen Sie sich auf seine Arbeit und überprüfen nur das Arbeitsergebnis.

- Wenn Sie Ihrem Mitarbeiter Vertrauen schenken, fördert dies seine Arbeitsmotivation (vgl. hierzu Kapitel 6).
- Vertrauen fördert die Bereitschaft der Mitarbeiter, selbstständig und eigenverantwortlich zu arbeiten.
- Ein Vertrauensverhältnis zwischen Mitarbeitern und Führungskräften ist die Grundlage für ein gutes Betriebsklima.
- In Krisensituationen müssen manchmal auch „harte" Führungsentscheidungen getroffen werden (Stichwort „Change Management"). In solchen Fällen hilft Vertrauen, diese Prozesse zu durchstehen.
- Wenn in dem Unternehmen eine Vertrauenskultur vorhanden ist, werden auch schwierige Führungsentscheidungen, die mit Härten für die Belegschaft verbunden sein können, eher akzeptiert (vgl. hierzu Kapitel 11).

2.3 So gewinnen Sie das Vertrauen Ihrer Mitarbeiter

Wie bauen Sie ein Vertrauensverhältnis zu Ihren Mitarbeitern auf? In Ihrer Führungsarbeit sind Sie darauf angewiesen, dass Ihre Mitarbeiter Ihnen vertrauen. Dies betrifft in besonderem Maße Managemententscheidungen, die von vielen Mitarbeitern umgesetzt und getragen werden müssen. Wenn z. B. unternehmensinterne Arbeitsabläufe geändert, neue Produkte oder Dienstleistungen eingeführt oder in die Unternehmensstruktur eingriffen wird, sind Sie auf das Vertrauen Ihrer Mitarbeiter in die betriebswirtschaftliche Notwendigkeit solcher Entscheidungen angewiesen. Die erfolgreiche Umsetzung von komplexen und weitreichenden Entscheidungen lebt von dem Commitment aller Mitarbeiter und Führungskräfte.

Vertrauen und Commitment

Besonders wenn Ihre Mitarbeiter von den Entscheidungen persönlich betroffen sind, etwa weil sich ihre gewohnten Arbeitsabläufe und -aufgaben ändern, können Sie nicht erwarten, dass Ihre Mitarbeiter Ihnen „blind" vertrauen und folgen. Vielmehr müssen Sie um das Vertrauen Ihrer Mitarbeiter werben. Auf den folgenden Seiten erfahren Sie, wie Sie das Vertrauensverhältnis zu Ihren Mitarbeitern stärken können.

um Vertrauen werben

Eine Vertrauensgrundlage schaffen

Wir vertrauen Menschen, deren Handlungen und Verhaltensweisen wir einschätzen können. Das gilt auch für das Vertrauensverhältnis zum Mitarbeiter. Ihre Mitarbeiter werden Ihnen Vertrauen schenken, wenn sie mit Ihnen gute Erfahrungen gemacht haben und mit Ihrem Führungsstil und Ihrer Persönlichkeit vertraut sind. Für die Frage, wie Sie das Vertrauen Ihrer Mitarbeiter gewinnen, folgt daraus die allgemeine Empfehlung: Zeigen Sie sich zuverlässig und vertrauenswürdig, indem Sie so handeln, dass Ihre Mitarbeiter Sie gut einschätzen können. Bleiben Sie Ihrem Führungsstil treu. Wenn Sie in einem begründeten Fall Ihren Führungsstil ändern, sollten Sie dies Ihren Mitarbeitern erklären und gegebenenfalls um ihr Verständnis bitten (vgl. zur Bedeutung des Führungsstils auch S. 30 ff.).

> **Tipp:**
>
> Verhalten Sie sich vertrauenswürdig! Das bedeutet: Zeigen Sie, dass sich Ihre Mitarbeiter auf Sie verlassen können, indem Sie alle Mitarbeiter gleich behandeln und klare Leistungskriterien anwenden. Ihre Mitarbeiter wollen wissen, mit wem sie es zu tun haben, bevor sie Ihnen Vertrauen schenken.

Vertrauen und Kontrolle

Wenn Sie einem Mitarbeiter vertrauen, sollten Sie ihn nicht ständig kontrollieren. Zu viele Kontrollen untergraben das Vertrauensverhältnis, weil so der Eindruck entsteht, Sie trauen Ihrem Mitarbeiter die selbstständige Bewältigung der Aufgabe nicht zu. Beurteilen Sie aber auf jeden Fall das Ergebnis und geben Sie Ihrem Mitarbeiter ein Feedback zu seiner Arbeit. Auch dies stärkt das Vertrauensverhältnis, denn es zeigt dem Mitarbeiter, dass seine Arbeit wichtig ist und geschätzt wird. Treffen Sie gemeinsam mit ihm Absprachen, wann über das Arbeitsergebnis gesprochen wird, anstatt von oben einen Termin zur „Leistungskontrolle" festzulegen. Auch dies fördert das Vertrauensverhältnis zum Mitarbeiter.

> **Achtung:**
>
> Ohne Vertrauen in die Arbeit Ihrer Mitarbeiter wären Sie gezwungen, sie auf Schritt und Tritt zu kontrollieren. Dann ist jedoch von einem „Vertrauensverhältnis" nicht mehr zu reden. Ständiges Kontrollieren zerstört das Vertrauensverhältnis.

Prozess der Vertrauensbildung

Vertrauen aufzubauen ist ein Prozess, der sich über Jahre hinziehen kann. Ein konsequentes und in sich stimmiges Verhalten gegenüber Ihren Mitarbeitern, ein authentischer Führungsstil, hilft Ihnen, diesen Prozess zu beschleunigen. Vertrauen lässt sich nicht auf Kommando herstellen, sondern ist ein Prozess des gelebten Vorbildes und der intensiven Arbeit am Vertrauensverhältnis. Der Aufbau einer tragfähigen Vertrauenskultur erfordert viel Zeit und Geduld. Demgegenüber lässt sich Vertrauen innerhalb eines relativ kurzen Zeitraums fast vollkommen zerstören.

Vertrauen wächst mit den Jahren

> **Tipp:**
>
> Vertrauen verfestigt sich über einen längeren Zeitraum. Wenn Sie gute Erfahrungen mit einem Mitarbeiter gemacht haben, sollten Sie das beginnende Vertrauensverhältnis pflegen. Vertrauen wächst mit der Zeit. Es nutzt sich nicht ab, wenn Sie es öfter in Anspruch nehmen. Deswegen sollten Sie Ihren Mitarbeiter öfter ins Vertrauen ziehen und verantwortungsvolle Aufgaben übertragen.

Aufbau einer Vertrauenskultur

Führungskräfte haben eine Vorbildfunktion im Unternehmen. Dadurch können sie zum Aufbau einer Vertrauenskultur im Unternehmen wirksamer beitragen als einzelne Mitarbeiter. Die Vertrauenskultur ist durch ein Betriebsklima gekennzeichnet, in dem alle Mitarbeiter ermutigt werden, auch Kritik zu üben und Missstände im Unternehmen offen anzusprechen. Die Führungskraft sollte offen und direkt mit seinen Mitarbeitern sprechen und insgesamt den Kommunikationsfluss im Unternehmen fördern. Ein Klima, in dem Kritik und offene Aussprachen erwünscht sind, stärkt das Vertrauensverhältnis.

Klima des Vertrauens

> **Tipp:**
>
> Pflegen Sie eine offene Kommunikationskultur in Ihrem Unternehmen. Signalisieren Sie Ihrem Gesprächspartner, dass auch kritische Punkte offen angesprochen werden können.

Die folgende Checkliste enthält Verhaltensempfehlungen, wie Sie eine vertrauensvolle Beziehung zu Ihren Mitarbeitern aufbauen und pflegen. Viele der genannten Verhaltenstipps verstehen sich von selbst, jedoch schadet es nicht, sie ausdrücklich in den Katalog vertrauensbildender Maßnahmen aufzunehmen.

siehe CD-ROM

Checkliste: So gewinnen Sie das Vertrauen Ihrer Mitarbeiter	
Handeln Sie so, dass Ihre Mitarbeiter Sie immer gut einschätzen können und wissen, woran sie mit Ihnen sind.	
Zeigen Sie, dass sich Ihre Mitarbeiter auf Sie verlassen können, indem Sie alle Mitarbeiter gleich behandeln und nachvollziehbare Leistungsstandards haben.	
Signalisieren Sie, dass Sie Ihren Mitarbeiter anerkennen und auf seine Fachkompetenz angewiesen sind.	
Geben Sie keine Versprechen, die Sie nicht halten können. Lügen Sie nicht.	
Verhalten Sie sich kongruent bzw. authentisch. Machen Sie sich immer wieder bewusst, dass die Mitarbeiter Ihre Person als Ganzes wahrnehmen.	
Nehmen Sie Rücksicht auf die Gefühle Ihrer Mitarbeiter.	
Sprechen Sie nicht schlecht über Dritte, insbesondere nicht in Gegenwart Ihrer Mitarbeiter.	
Seien Sie immer höflich gegenüber Ihren Mitarbeitern. Vermeiden Sie aber Anbiederei.	
Treffen Sie Absprachen gemeinsam mit dem Mitarbeiter, statt ihn permanent zu kontrollieren.	
Pflegen Sie aktiv Ihr Bild in der Öffentlichkeit. Dazu gehört auch ein respektvoller (distanzierter) Umgang mit der Presse, den Medien und Gewerkschaften.	

2.4 Wie schützen Sie sich vor einem Vertrauensbruch?

Ihr Mitarbeiter, dem Sie eine Aufgabe anvertraut oder eine vertrauliche Information gegeben haben, kann an seiner Aufgabe scheitern oder die anvertraute Information Unbefugten ausplaudern. In beiden Fällen ist Ihr Vertrauen in die Leistungsfähigkeit bzw. in die Person des Mitarbeiters enttäuscht worden.

Wenn Ihr Mitarbeiter an einer Aufgabe scheitert, müssen Sie dies nicht als „Vertrauensbruch" interpretieren. Vielleicht hat sich Ihr Mitarbeiter intensiv bemüht, aber es fehlte ihm eine Hilfestellung oder die äußeren Rahmenbedingungen waren mitverantwortlich für das schlechte Ergebnis. Sie haben in die Kompetenz Ihres Mitarbeiters vertraut und sich geirrt. *Vertrauen in die Kompetenz*

Wenn Ihr Mitarbeiter dagegen vertrauliche Informationen unerlaubt weitergegeben hat, ist dies ein gravierender Vertrauensbruch. Denn hier wurde Ihr Vertrauen in die Personen (den „Charakter") des Mitarbeiters enttäuscht. Vor allem, wenn durch den Vertrauensbruch ein großer Schaden entstanden ist, wird es schwer sein und viel Zeit vergehen, bis Sie diesem Mitarbeiter wieder vertrauen können. Möglicherweise lässt sich das Vertrauensverhältnis auch gar nicht wieder herstellen. *Vertrauen in die Person*

Diese Beispiele zeigen: Bevor Sie Ihr Vertrauen geben, sollten Sie immer genau prüfen, welche Person Sie mit welcher Sache ins Vertrauen ziehen. Einen Mitarbeiter, dem man schwierige Aufgaben anvertrauen kann, muss nicht der richtige Adressat für vertrauliche Informationen sein.

Bevor Sie Ihr Vertrauen geben, sollten Sie prüfen,

- **wem** Sie vertrauen (Ist die Person vertrauenswürdig?) und
- **was** Sie anvertrauen wollen (Gegenstand des Vertrauens).

Vertrauen in kleinen Schritten aufbauen und intensivieren

Es gibt keinen hundertprozentigen Schutz vor einem Vertrauensbruch. Denn wenn Sie vor lauter Angst, dass Ihr Vertrauen enttäuscht wird, Ihre Mitarbeiter permanent beargwöhnen und kontrollieren, kann ein Vertrauensverhältnis erst gar nicht entstehen. Allerdings können Sie sich – so gut es geht – schützen, indem Sie das *Fazit*

47

Vertrauensverhältnis zu Ihren Mitarbeitern in kleinen Schritten aufbauen und langsam intensivieren. Einem Mitarbeiter, dem Sie in einer kleinen Sache erfolgreich vertraut haben, sollten Sie zeitnah mit einer etwas größeren Aufgabe betrauen. Umgekehrt werden Sie bei einem Mitarbeiter, der Ihr Vertrauen in einer kleinen Sache enttäuscht hat, zunächst misstrauisch und wachsam bleiben.

Wie Sie das Vertrauen Ihrer Mitarbeiter verspielen

Das Vertrauensverhältnis ist eine wechselseitige Beziehung zwischen der Führungskraft und ihrem Mitarbeiter. Nicht nur der Mitarbeiter kann das Vertrauen seines Vorgesetzten enttäuschen, auch die Führungskraft kann durch ihr Verhalten das Vertrauen des Mitarbeiters verspielen. Durch ungeschickte oder falsche Verhaltensweisen im Arbeitsumfeld kann das Vertrauensverhältnis empfindlich gestört werden. Vermeiden Sie die folgenden vier Vertrauensfallen:

Vertrauensfalle: Mangelnde Kompetenz

Im beruflichen Zusammenhang schaffen Sie sich Respekt und Vertrauen bei Ihren Mitarbeitern durch überzeugende Führungsleistungen. Wenn Ihnen in Ihren spezifischen Kompetenzbereichen wiederholt gravierende Fehler unterlaufen, verspielen Sie – zu Recht – das Vertrauen Ihrer Mitarbeiter. In Kapitel 1 „Die Person der Führungskraft" sind zentrale Kompetenzbereiche von Führungskräften aufgeführt:

• Organisations- und Planungskompetenz
• Entscheidungsstärke
• Mitarbeiterführung

Wenn Sie in diesen Bereichen gravierende Fehler machen, verlieren Sie das Vertrauen der Mitarbeiter in Ihre Führungskompetenz.

Vertrauensfalle: Nachlässigkeit bei Kleinigkeiten

Nicht nur Fehler, die die Kernkompetenzen von Führungskräften betreffen, belasten das Vertrauen der Mitarbeiter. Wenn Ihnen wiederholt kleinere Ungenauigkeiten und Fehler unterlaufen, hat dies über einen längeren Zeitraum ebenso eine erodierende Wirkung auf das Vertrauensverhältnis. Seien Sie also auch bei Kleinigkeiten sorgfältig.

Beispiel: Durch Kleinigkeiten Vertrauen verspielen

Frau Wolf ist Geschäftsführerin in einer Marketingagentur. In letzter Zeit fällt ihr immer öfter auf, dass ihrer Projektleiterin viele kleine Fehler und Ungenauigkeiten unterlaufen. Bei einer internen Projektpräsentation wurden mit jeder PowerPoint-Folie zahllose Tippfehler an die Wand projiziert. Obwohl Frau Wolf weiß, dass dies „eigentlich" Lappalien sind, hat sie das Vertrauen in ihre Projektleiterin ganz verloren ...

Vertrauensfalle: Schlecht über Dritte reden

Wenn Sie in Gegenwart Ihres Mitarbeiters schlecht über andere reden, beschädigen Sie dadurch das Vertrauensverhältnis zu Ihren Mitarbeitern. Denn Ihre Mitarbeiter machen sich ein Bild von Ihnen, sie nehmen Ihre Person als Ganze wahr. Ihr Mitarbeiter wird Ihr Verhalten sicher nicht als Vertrauensbeweis ihm gegenüber zulasten eines Dritten auffassen, sondern sich fragen: „Wenn mein Chef über den Kollegen X so schlecht redet, wie mag er dann hinter meinem Rücken von mir reden?"

Vertrauensfalle: Durch Manipulation Vertrauen erschleichen

Verzichten Sie auf psychologische Tricks und künstliche Manöver, um das Vertrauen Ihrer Mitarbeiter instrumentell zu erzeugen. Wenn Ihr Mitarbeiter erst einmal den Eindruck gewonnen hat, dass er manipuliert wird, ist sein Misstrauen geweckt und nur schwer wieder zu beruhigen. Statt Vertrauen zu schaffen, verkehrt sich der gewünschte Effekt in sein Gegenteil: Sie erregen Misstrauen. Mehr über die Wirkungsweise von psychologischen Tricks erfahren Sie auf den folgenden Seiten.

Mit psychologischen Tricks Vertrauen erschleichen

Das Vertrauen eines Menschen lässt sich auch manipulativ erzeugen. Wenn wir sagen, jemand habe „unser Vertrauen erschlichen", geben wir der schmerzhaften Erfahrung Ausdruck, dass wir irrtümlich, also aufgrund falscher Annahmen, einer Person vertraut haben und getäuscht worden sind. Die psychologischen Tricks, mit denen sich Vertrauen erschleichen lässt, sind erfolgreich, wenn es dem Täuschenden gelingt, das Vorliegen genau jener Voraussetzungen zu suggerieren, die uns gewöhnlich dazu bringen, einer Person zu vertrauen.

Gemeinsamkeiten hervorheben

Vertrauen und
Vertrautheit

Eine grundsätzliche Voraussetzung für Vertrauen ist Vertrautheit bzw. Ähnlichkeit. Wenn sich der andere so benimmt, wie man selbst, z. B. ähnlich spricht und kleidet, ähnliche Hobbys verfolgt oder einfach unsere Sorgen teilt, sind wir gewöhnlich eher geneigt, ihm oder ihr unser Vertrauen zu schenken. Derjenige, der Vertrauen erzeugen will, sucht die Nähe desjenigen, dessen Vertrauen er gewinnen möchte, und gleicht sich ihm an. Von Verkäufern wird dieses psychologische Phänomen häufig genutzt, um das Vertrauen des Kunden zu gewinnen und ihn zum Kauf zu bewegen.

> **Beispiel:**
> Der sprichwörtliche Staubsaugervertreter an der Haustür versucht das Vertrauen seines Kunden zu gewinnen, indem wortreich versichert, dass er selbst schon seit Jahren auf dieses Staubsaugermodell schwört. Verständnisvoll teilt er die Alltagssorgen der Hausfrau über die Mühen beim Hausputz ...

Im beruflichen Umfeld ist dieses Vorgehen nicht zu empfehlen. Wenn sich der Chef mit seinen Mitarbeitern verbrüdert oder sich bei ihnen anbiedert, um ihr Vertrauen zu gewinnen, wird dieses Verhalten in der Regel als unecht bzw. inkongruent wahrgenommen. Denn Vorgesetzte und Mitarbeiter stehen nicht auf einer Stufe, spätestens bei unangenehmen Führungsentscheidungen wird dies deutlich. Wenn dann der vertrauliche Ton gegenüber den Mitarbeitern plötzlich ausbleibt, werden dies die Mitarbeiter als sehr irritierend erleben und sie werden sich misstrauisch fragen, ob sie ihrem Vorgesetzten noch vertrauen können.

Strategisch gezielt loben

Eine weitere psychologische Technik besteht darin, einen Mitarbeiter aus strategischen Gründen zu loben, um ihn zur Übernahme einer unliebsamen Aufgabe zu bringen.

Diese Technik basiert auf der bereits erwähnten wechselseitigen Vertrauensbeziehung zwischen der Führungskraft und dem Mitarbeiter: Die Führungskraft lobt den Mitarbeiter und schenkt ihm gezielt Vertrauen, um ihn zur Übernahme einer Aufgabe zu bringen. Der Mitarbeiter mag sich über die Anerkennung seines Vorgesetzten freuen, allerdings muss er sich das in ihn gesetzte Vertrauen noch verdienen.

An dieser psychologischen Dynamik bzw. Wechselbeziehung ist natürlich grundsätzlich nichts auszusetzen. Wenn die Führungskraft diese Technik aber manipulativ einsetzt, um unliebsame Arbeiten zu delegieren oder den Mitarbeiter durch gezielte Überforderung unter Druck zu setzen, ist die Sache letztlich kontraproduktiv, wie das folgende Beispiel zeigen soll:

Beispiel:

In einem Mitarbeitergespräch äußert die Leiterin der Vertriebsabteilung, Frau Falke, überschwängliches Lob für ihren Mitarbeiter, Herrn Hölzel. Anschließend schlägt sie ihm vor, ein Projekt zur Gewinnung von Großkunden aufzubauen. Herr Hölzel, der erst seit Kurzem in dem Unternehmen arbeitet, ist sehr geschmeichelt, dass seine Vorgesetzte ihm diese verantwortungsvolle Aufgabe zutraut, und nimmt die Herausforderung ohne lange zu überlegen an. Frau Falke bedankt sich bei ihm mit den Worten „Herr Hölzel, Sie wissen, ich verlasse mich bei diesem wichtigen Projekt voll auf Sie!"

Nach diesen Worten stellt sich bei Herrn Hölzel ein mulmiges Gefühl ein. Wird er der Aufgabe auch gewachsen sein?

Dieses Beispiel veranschaulicht – etwas überzeichnet – eine typische (psychologische) Situation in der Mitarbeiterführung: Die Chefin lobt ihren Mitarbeiter, Herrn Hölzel, bewusst, um Erwartungsdruck aufzubauen. Mit der Formulierung „Ich verlasse mich voll auf Sie …" bekräftigt sie zum Schluss noch einmal ihre großen Erwartungen an den Mitarbeiter. Für Herrn Hölzel ergibt sich nun – psychologisch gesehen – eine ebenso große Verpflichtung, dem Vertrauen seiner Chefin auch gerecht zu werden. Er muss nun eine Gegenleistung erbringen, die dem großen Vertrauen, das in ihn gesetzt wurde, entspricht.

Erwartungsdruck erzeugen

Psychologische Manipulation beschädigt das Vertrauensverhältnis

Für alle Tricks, die mit dem Vertrauen anderer spielen, gilt: Wenn das Gegenüber, Ihr Mitarbeiter, den Eindruck gewinnt, dass er manipuliert wird („Hier stimmt was nicht!"), ist sein Misstrauen geweckt und nur schwer wieder zu beruhigen. Der Effekt, der Vertrauen erzeugen sollte, verkehrt sich in sein Gegenteil. Der Mitarbeiter

Fazit

wird auf Lob seines Vorgesetzten fortan misstrauisch reagieren und Manipulationen befürchten.

> **Achtung:**
>
> Wenn Sie als Führungskraft Ihre Mitarbeiter psychologisch manipulieren, um ihr Vertrauen instrumentell zu erzeugen, gehen Sie – unabhängig von der moralischen Fragwürdigkeit solchen Verhaltens – ein großes Risiko ein. Denn wenn Ihre Mitarbeiter misstrauisch werden und Ihre Strategie durchschauen, erreichen Sie genau das Gegenteil und verspielen am Ende nachhaltig ihr Vertrauen. Von psychologischen Manipulationen ist also nachdrücklich abzuraten, weil sie die vertrauensvolle Arbeitsbeziehung zu Ihren Mitarbeitern schnell und nachhaltig zerstören können.

2.5 Wofür übernehmen Führungskräfte Verantwortung?

Vertrauen und Verantwortung

Wenn Sie Ihrem Mitarbeiter eine Aufgabe anvertrauen, übertragen Sie auch einen Teil der Verantwortung an den Mitarbeiter. Sie geben Verantwortung ab. Als Führungskraft können Sie sich jedoch nicht aus der Verantwortung stehlen. Sie tragen auch eine übergeordnete Verantwortung für Aufgaben, die Sie delegiert haben. Sie bleiben auch verantwortlich für Arbeitsbereiche, an denen Sie nicht selbst unmittelbar beteiligt sind. Genauer heißt das: Als Führungskraft sind Sie verantwortlich für die Entscheidung, welchen Mitarbeiter Sie für eine Aufgabe eingesetzt haben. Wenn Ihr Mitarbeiter an der Aufgabe scheitert, müssen Sie sich die Kritik Ihres Vorgesetzten gefallen lassen bzw. sich selbst kritisch fragen, welche Fehler Ihnen in der Mitarbeiterführung unterlaufen sind.

> **Beispiel:**
>
> Der Projektleiter einer PR-Agentur bittet Herrn Müller, der erst seit drei Monaten im Unternehmen arbeitet, eine wichtige Projektpräsentation vor den Auftraggebern zu halten. Durch diese Herausforderung möchte er die Leistungsfähigkeit seines neuen Mitarbeiters testen. Leider geht bei der Präsentation vieles schief. Herr Müller hat auf die Nachfragen der Auftraggeber keine überzeugenden Antworten parat und wirkt insgesamt sehr nervös. Bei der Nachbesprechung muss sich

der Projektleiter die folgende Kritik seines Vorgesetzten gefallen lassen: „Wie können Sie eine so heikle Aufgabe an einen noch unerfahrenen Mitarbeiter übertragen? Sie hätten doch wissen müssen, dass Herrn Müller die erforderliche Projekterfahrung noch fehlt! Haben Sie Ihren Mitarbeiter denn gar nicht gebrieft und auf die Fragen der Auftraggeber vorbereitet?"

In dem Beispiel wird der Projektleiter zu Recht für die schlechte Präsentation seines Mitarbeiters zur Verantwortung gezogen. Es zeigt eindrücklich, dass Führungskräfte die „höherstufige" Verantwortung nicht auf ihre Mitarbeiter abschieben können. Für die Entscheidung, wem sie Vertrauen, und auch für die Folgen, wenn es schief geht, bleiben Führungskräfte in hohem Maße selbst verantwortlich. Was folgt daraus für die Arbeit von Führungskräften?

Wenn es um anspruchsvolle Aufgaben mit einer hohe Priorität geht, sollten Sie sich fragen: Ist die Aufgabe bei dem Mitarbeiter in guten Händen? Diese „Vertrauensfrage" bezieht sich, allgemein gesprochen, auf zwei Bereiche:

Vertrauensfrage

- Ist der Mitarbeiter fachlich geeignet und verfügt er über die notwendige Erfahrung, um die Aufgabe zu übernehmen?
- Ist der Mitarbeiter als Person vertrauenswürdig? Ist er loyal gegenüber der Führungskraft und auch gewillt, die Aufgabe zu übernehmen?

Vertrauen sollte nicht wahllos vergeben werden. Professionelle Mitarbeiterführung zeichnet sich u. a. dadurch aus, dass die Führungskraft realistisch einzuschätzen vermag, welchem Mitarbeiter Sie welche Aufgaben bzw. Informationen geben kann.

Wenn Führungskräfte einen Teil der Verantwortung abgeben und an ihre Mitarbeiter übertragen, sollten sie zunächst sorgfältig und kritisch prüfen, welche Priorität die Aufgabe hat und ob der Mitarbeiter hinsichtlich seiner Kompetenz und Vertrauenswürdigkeit auch geeignet ist, die Aufgabe zu bewältigen. In der folgenden Checkliste sind einige grundsätzliche Fragen aufgeführt, die Sie sich stellen sollten, bevor Sie eine verantwortungsvolle Aufgabe an Ihren Mitarbeiter übertragen.

Fazit

siehe CD-ROM

Checkliste: Verantwortungsvolle Aufgaben übertragen	
Welche Priorität hat die Aufgabe, die Sie Ihrem Mitarbeiter übertragen wollen?	
Haben Sie ein tragfähiges Vertrauensverhältnis zu Ihrem Mitarbeiter, das der (hohen) Priorität der Aufgabe entspricht?	
Verfügt der Mitarbeiter über die nötigen Kompetenzen und die Erfahrung, die Aufgabe zu übernehmen?	
Haben Sie mit dem Mitarbeiter bereits gute Erfahrungen gemacht? Ist er nicht nur kompetent, sondern auch als Person vertrauenswürdig?	
Ist der Mitarbeiter auch motiviert, die Aufgabe zu übernehmen? (Dieser Gesichtspunkt ist wichtig, wenn die Aufgabe eine hohe Priorität hat.)	
Braucht Ihr Mitarbeiter Unterstützung für die Bewältigung der Aufgabe?	

Wofür sind wir bereit, Verantwortung zu übernehmen?

Wenn man Deutsche fragt, wofür sie bereit sind, Verantwortung zu übernehmen, wird in der Regel an erster Stelle die Familie genannt. Wir erfahren bereits als Kinder die fürsorgliche Aufmerksamkeit unserer Eltern. Später ist es für uns selbstverständlich, Verantwortung für unsere eigenen Kinder zu übernehmen und sie ebenso fürsorglich zu erziehen.

Verantwortung in Institutionen

Problematisch wird es jedoch, wenn es um die Bereitschaft geht, Verantwortung für Bereiche zu übernehmen, die unseren persönlichen Wirkungsradius und unsere unmittelbaren Interessen übersteigen. Insbesondere in Bereichen, die nicht direkt kontrolliert werden, ist häufig ein verantwortungsloses Verhalten zu beobachten.

Die soll ein Beispiel aus dem Führungsalltag eines Krankenhauses verdeutlichen:

Beispiel: Übernahme von Verantwortung im Krankenhaus

In Krankenhäusern werden Infektionen überdurchschnittlich häufig durch Streptokokken übertragen, die im hygienischen Umfeld des Krankenhauses zu schweren Entzündungen und Komplikationen bei Patienten führen können und oftmals eine längere stationäre Behandlung notwendig machen. Dies trägt erheblich zur Kostensteigerung im Gesundheitswesen bei. Wenn jeder Mitarbeiter im Krankenhaus penibel auf die hygienischen Bedingungen achten würde, könnte die Zahl der Infektionen stark reduziert werden, was – betriebswirtschaftlich gesehen – immense Kosten einsparen würde. Dies funktioniert nur, wenn alle Mitarbeiter verantwortlich handeln.

Kann verantwortliches Handeln angeordnet werden?

Natürlich kann das Leitungspersonal des Krankenhauses das Reinigen der Hände beim Verlassen der Sanitärräume anordnen. Wenn jedoch das Verständnis für die Notwendigkeit dieser Maßnahme nicht vorhanden ist, lässt sich die Anordnung nur durch entsprechende Überwachungsmaßnahmen und Sanktionen durchsetzen.

Abgesehen von dem erheblichen Aufwand und den Kosten, die durch die Kontrolle der Sanitärbestimmungen entstehen, wird durch solche Überwachungsmaßnahmen die Vertrauenskultur in dem Krankenhaus beschädigt.

Beschädigung der Vertrauenskultur

In dieser Situation ist es die Aufgabe einer kommunikationsstarken Führungskraft, die Notwendigkeit der Maßnahmen überzeugend zu begründen und an das Verständnis aller Mitarbeiter zu appellieren, sich verantwortungsvoll zu verhalten. Wenn die Mitarbeiter über eine gute Ausbildung verfügen, sind sie in der Lage, eigenverantwortlich zu handeln, und ihre Verhaltensweisen der Situation anzupassen.

Literaturtipp:

Eine Vielzahl von anschaulichen Beispielen und weiterführenden Überlegungen rund um das Thema *Vertrauen* bietet das Buch „Vertrauen. Wie man es aufbaut. Wie man es nutzt. Wie man es verspielt" von Matthias Nöllke.

3 Kommunikationsmodelle für die Führungspraxis

Von einer Führungskraft wird erwartet, dass sie über ausgeprägte kommunikative Fähigkeiten verfügt. Sie muss Mitarbeiter anleiten, bewerten und fördern, motivieren und Konflikte lösen. Auf der Leitungsebene muss sie mit Vorgesetzten und Aufsichtsräten umgehen. Nach Außen muss sie das Unterhnehmen repräsentieren – auch dies ist ein kommunikativer Akt. Aus psychologischer Perspektive ist Kommunikationsstärke eine zentrale Führungskompetenz.

In diesem Kapitel lernen Sie zwei einfache und praktikable Kommunikationsmodelle kennen, die Ihnen helfen sollen, betriebliche Kommunikationssituationen, wie sie in Teil II beschrieben werden, besser zu verstehen:

- das Kommunikationsmodell nach Paul Watzlawick (Kapitel 3.1)
- das Vier-Seiten-Modell nach Friedemann Schulz von Thun (Kapitel 3.2)

In Kapitel 3.3 finden Sie Empfehlungen für die Kommunikation im Internet.

3.1 Das Kommunikationsmodell nach Paul Watzlawick

Die beiden bekanntesten Kommunikationsmodelle im deutschsprachigen Raum stammen von dem Systemtheoretiker und Konstruktivisten Paul Watzlawick sowie von Friedemann Schulz von Thun.

Watzlawick beschreibt in seinen Arbeiten insgesamt fünf kommunikationspsychologische Axiome.[5] Diese Axiome beschreiben Grundlagen, die in jeder Kommunikationsform anzutreffen sind. Anhand

---

[5] Siehe zu den Axiomen insbesondere: Paul Watzlawick et al. (1990): *Menschliche Kommunikation. Formen, Störungen, Paradoxien*, München (Piper Verlag).

seines Modells lässt sich beschreiben, welche Möglichkeiten und Fallen in der Kommunikation liegen.

Achtung:
Der Mensch besitzt mit der Kommunikation ein einzigartiges Werkzeug. Dieses Werkzeug ist gleichzeitig jedoch auch die Quelle für vielfältige Missverständnisse.

Der Kommunikationsbegriff von Watzlawick umfasst nicht nur die gesprochene und geschriebene Sprache, sondern auch die (nonverbale) Körpersprache. Im Folgenden lernen Sie die einzelnen Axiome kennen. Anschließend soll gezeigt werden, wie Sie Watzlawicks Kommunikationsmodell in Ihrer Führungspraxis nutzen können.

Axiom 1: Man kann nicht nicht kommunizieren
Watzlawick beschreibt mit diesem Axiom die Tatsache, dass wir uns in einer (verbalen oder nonverbalen) Kommunikationssituation befinden, in der wir uns mit anderen austauschen, sobald wir einander wahrnehmen. Wir beziehen uns (bewusst oder unbewusst) immer auf ein Gegenüber. So machen wir auch mit dem Unterlassen von bestimmten Kommunikationshandlungen eine Aussage, die von unserem Gegenüber auf bestimmte Weise verstanden – oder missverstanden – wird.

Beispiel:
Wenn Sie einen Mitarbeiter nicht in den E-Mail-Verteiler aufnehmen, sagen Sie damit etwas aus. Die Frage ist, ob Sie einfach vergessen habe, den Mitarbeiter in Ihren Verteiler zu nehmen, oder ob Sie dies bewusst unterlassen haben.

Axiom 2: Jede Kommunikation hat einen Inhalts- und einen Beziehungsaspekt, wobei Letzterer Ersteren bestimmt
In jeder Kommunikationssituation gibt es einen Inhalts- und einen Beziehungsaspekt. Nach Watzlawick wird der Inhaltsaspekt von dem Beziehungsaspekt bestimmt. Der Beziehungsaspekt in der Kommunikation zeigt, wie der Sprecher oder Sender seine Aussage verstanden haben möchte und wie er die Beziehung zum Empfänger sieht. Die Beziehung zwischen den Kommunikationsteilnehmern (vereinfacht: Sender und Empfänger) bestimmt, wie der Empfänger die

Nachricht auffasst. Gelungene Kommunikation setzt demnach Einverständnis über die Art der Beziehung zwischen den Kommunikationsteilnehmern voraus.

Axiom 3: Die Natur einer Beziehung ist durch die Interpunktionen der Kommunikationsabläufe seitens der Partner bedingt

Mit diesem Axiom fasst Watzlawick die Beobachtung zusammen, dass Gesprächsteilnehmer den Verlauf eines Gesprächs unterschiedlich aufteilen, gliedern und wahrnehmen. Jeder Gesprächspartner kann sein Kommunikationsverhalten als Reaktion für die Äußerungen des anderen verstehen und so die Ursache („Schuld") für sein Verhalten auf den anderen abschieben. Die Kommunikation kann durch die unterschiedliche Wahrnehmung des Kommunikationsablaufs erheblich gestört werden. In der Konfliktmoderation gilt es, solche unproduktiven Kommunikationsschleifen zu unterbrechen (siehe Kapitel 10).

Axiom 4: Menschliche Kommunikation bedient sich digitaler und analoger Modalitäten

Die gesamte Kommunikation setzt sich aus verbalen und nonverbalen Aspekten zusammen. Die verbale Kommunikation hat, nach Watzlawick, „digitale" Eigenschaften (Sprache, Syntax), die Inhaltsaspekte der Botschaft vermitteln, aber den Beziehungsaspekt vernachlässigen. Unter „analogen Modalitäten" versteht Watzlawick dagegen nonverbale Eigenschaften der menschlichen Kommunikation. Mit unserem Gesichtsausdruck, unserer Gestik etc. teilen wir mit, wie wir die Beziehung zum Kommunikationspartner sehen.

Wenn digitale (verbale) und analoge (nonverbale) Inhalte einer Kommunikation nicht übereinstimmen, droht die Kommunikation zu misslingen, weil die Kommunikationsteilnehmer nicht wissen, wie die Aussage des Gegenübers verstanden werden muss.

Beispiel: Inkongruente Kommunikation

Wenn sich ein Mitarbeiter bei seinem Vorgesetzten beschwert und dabei lächelt, stimmen der (verbale, digitale) Sachinhalt und die (nonverbale, analoge) Körpersprache nicht überein. Die Kommunikation wird als inkongruent (widersprüchlich) wahrgenommen.

Dieser Aspekt hat in der interkulturellen Kommunikation eine große Bedeutung. So würde ein japanischer Mitarbeiter möglicherweise auch in unangenehmen Kommunikationssituationen, wie im Fall einer Beschwerde, lächeln oder zumindest freundlich schauen. Deswegen muss die Sachaussage (Beschwerde) nicht anders verstanden werden. In solchen Kommunikationssituationen ist interkulturelle Kompetenz gefragt: Sie müssen – mit Watzlawick – die analogen, nonverbalen Aspekte der Kommunikation mit Ihrem ausländischen Mitarbeiter vor seinem spezifischen kulturellen Hintergrund verstehen.

In Kapitel 12 „Interkulturelle Kommunikation" finden Sie weitere Hinweise zu diesem Thema mit Empfehlungen für die Kommunikation in internationalen Teams.

Axiom 5: Zwischenmenschliche Kommunikationsabläufe sind entweder symmetrisch oder komplementär

Nach Watzlawick findet Kommunikation entweder auf der Basis der Gleichheit oder der Unterschiedlichkeit der Kommunikationsteilnehmer statt. Der Austausch, die Interaktion zwischen den Kommunikationspartnern wird generell davon bestimmt, ob die Beziehung von Gleichheit oder Unterschiedlichkeit geprägt ist.

Im beruflichen Umfeld bildet das Verhältnis zwischen Führungskraft und Mitarbeiter eine asymmetrische Kommunikationsbeziehung. Viele Aspekte der Kommunikation müssen vor diesem Hintergrund der Führungsbeziehung verstanden werden.

Das Modell von Watzlawick in der Managementpraxis

Kommunikation ist hoch komplex und somit eine Quelle für Missverständnisse und Probleme in Unternehmen. Mithilfe der fünf Axiome von Watzlawick können Sie viele Aspekte in der Kommunikation mit Ihren Mitarbeitern analysieren. Watzlawicks Modell zeigt die Ursachen für typische Missverständnisse in der Kommunikation auf, wie z. B. Formen der inkongruenten Kommunikation, und sensibilisiert Ihre Wahrnehmung.

Nur durch den Willen, unser Gegenüber verstehen zu wollen, und regelmäßige Übung in der Praxis stärken wir unsere kommunikative Kompetenz. Eine isolierte Betrachtungsweise menschlicher Kommunikation oder vereinfachende Methoden zur Analyse und Beschreibung menschlicher Kommunikation (wie etwa NLP) führen in die Sackgasse.

3.2 Das Vier-Seiten-Modell nach Friedemann Schulz von Thun

Ein weiteres prominentes Kommunikationsmodell bildet das Vier-Seiten-Modell nach Friedemann Schulz von Thun. Dieses Modell geht davon aus, dass an jeder Kommunikation immer vier Aspekte beteiligt sind, die kommuniziert werden.

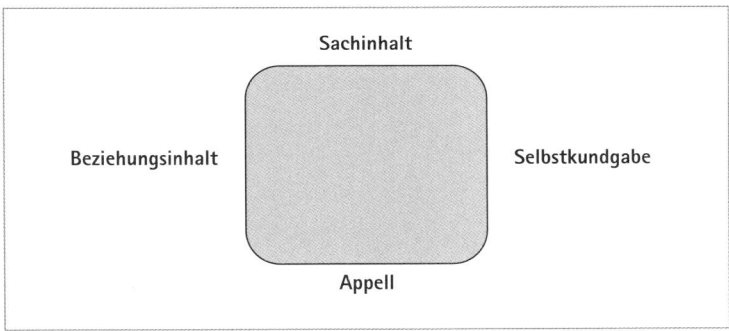

Abb: Vier-Seiten-Modell nach Schulz von Thun

Nach Schulz von Thun lässt sich eine Nachricht immer in vier Kommunikationsaspekte aufschlüsseln:
* Sache
* Beziehung
* Appell
* Selbstkundgabe

In jeder Kommunikationssituation werden immer alle vier Aspekte in unterschiedlicher Ausprägung mitgeteilt. Abhängig von der Art des Gesprächs bzw. dem Gesprächsziel stehen einzelne dieser vier Aspekte im Vordergrund. Der Aspekt Selbstkundgabe wird in einem Gespräch mit dem Arzt oder dem Psychologen stärker ausgeprägt sein als in einem Mitarbeitergespräch, in dem Sachmitteilungen in der Regel eine dominierende Rolle einnehmen. In der Kommunikation innerhalb der Familie wird ein Großteil der Kommunikation auf der Beziehungsebene ablaufen und bei einer politischen Rede oder auch einer Motivationsrede der Führungskraft der Appellcharakter dominieren.

Schulz von Thun geht davon aus, dass in jeder Kommunikation unterschiedliche Aspekte beim Empfänger ankommen. Jeder Hörer nimmt in der Kommunikationssituation unterschiedliche Aspekte wahr. So wird der eine ein „Ohr" für den sachlichen Inhalt des Gesprächs haben, für den anderen teilt sich dagegen vor allem der Beziehungsaspekt oder der Appellcharakter mit.

Wenn wir die Grundannahmen des Vier-Seiten-Modells akzeptieren, kommen wir zu einem weiteren Aspekt, der dieses Modell für die berufliche Praxis besonders wertvoll macht.

So nutzen Sie das Vier-Seiten-Modell in der Führungspraxis

Viele Kommunikationsprobleme, die in der Zusammenarbeit mit Ihren Mitarbeitern auftreten, lassen sich mithilfe des Vier-Seiten-Modells analysieren und erklären. Dazu ein kurzes Beispiel:

Beispiel

In einem Beurteilungsgespräch gibt der Fachvorgesetzte folgende Rückmeldung an seinen Mitarbeiter: „Herr Loos, Ihre Leistungen im vergangenen Quartal entsprechen nicht den vorgegebenen Zielen."

Herr Loos ist von dieser Aussage sehr beunruhigt. Er fragt sich, was der Chef gegen ihn hat, und befürchtet, dieser will ihn einfach nicht mehr im Team haben.

Analyse der Kommunikationssituation

Wenn man diese Kommunikationssituation anhand des Vier-Seiten-Modells beschreibt und analysiert, wird schnell deutlich, dass der Mitarbeiter vor allem den Beziehungsaspekt der Aussage seines Vorgesetzten wahrnimmt, während die Sachaussage „Das Leistungsziel wurde im letzten Quartal nicht erreicht" bei ihm nicht ankommt.

Wie gehen Sie in einer solchen Situation vor?

1. Überzeugen Sie sich, dass Ihre Botschaft bei dem Mitarbeiter auch richtig angekommen ist. Kurz: Sie müssen nachfragen und gegebenenfalls professionelle Gesprächstechniken einsetzen.

2. Formulieren Sie Ihre Aussagen so, dass für den Mitarbeiter deutlich wird, um welchen Aspekt der Aussage es Ihnen geht. Wenn

Sie also sagen wollen, dass der Mitarbeiter Überstunden machen soll, um das Ziel zu erreichen, sollten Sie dies auch so formulieren, dass der Appellcharakter Ihrer Aussage klar zu erkennen ist. Gleiches gilt natürlich auch für Aussagen, die Ihre Beziehung zu dem Mitarbeiter betreffen. Nutzen Sie das Vier-Seiten-Modell, um die Kommunikation mit Ihren Mitarbeitern transparenter zu gestalten und Missverständnisse zu vermeiden.

3. Wenn Sie feststellen, dass der Mitarbeiter Sie missverstanden hat oder Sie sich nicht klar ausgedrückt haben, gibt es immer die Möglichkeit, die Gesprächsebene zu wechseln und darüber zu sprechen, was Sie „eigentlich" sagen wollten. In diesem Fall führen Sie eine Art „Meta-Kommunikation".

3.3 Kommunikation im Internetzeitalter

Wenn man noch vor 20 Jahren von „virtueller" Kommunikation gesprochen hatte, dachte man an das Telefon. Längst haben E-Mail und Internet dem Kommunikationsmedium Telefon den Rang abgelaufen. Es gibt viele Vorteile der Kommunikation im virtuellen Raum, jedoch auch einige Nachteile, die in der folgenden Übersicht kurz zusammengefasst sind.

virtuelle Kommunikation

	E-Mail	Internet	Telefon
Vorteile	schnelle Kommunikation	optimale Präsens im Netz	rasche Absprache
	rasches Versenden von Daten	hohe Vernetzung	
Nachteile	oft nachlässige und zu schnelle Kommunikation	Inhalte bleiben dauerhaft im Netz	nonverbale Kommunikationsaspekte nicht sichtbar

Abb.: Vor- und Nachteile der virtuellen Kommunikation

Empfehlungen für die Kommunikation im Internet

In der folgenden Checkliste finden Sie einige Empfehlungen für den richtigen Umgang mit den Kommunikationsmedien im Internet.

siehe CD-ROM

Checkliste: Kommunikation im Internet	
Bevor Sie Beiträge ins Netz stellen, sollten Sie diese genau prüfen. Nur unter großem Aufwand lassen sich Inhalte aus dem Netz entfernen.	
Wichtige Gespräche sollten Sie immer direkt führen und keine virtuellen Kommunikationsformen, wie Telefon, E-Mail oder Chat, dafür nutzen. Denn im Internet entgehen Ihnen die analogen Aspekte der Kommunikation.	
Kontakte im beruflichen Kontext sollten Sie zunächst persönlich anbahnen, bevor Sie sie mithilfe von Internetplattformen fortführen.	
Konzentrieren Sie sich auf eine Plattform, um den Überblick nicht zu verlieren.	
Nutzen Sie elektronische Netzwerke wie Twitter, Facebook oder MySpace dosiert.	
Benehmen Sie sich in der virtuellen Welt wie in der echten: höflich, zurückhaltend, freundlich.	
Vermeiden Sie vor allem in der beruflichen Internet-Kommunikation Kurzformen, Abkürzungen und Smileys.	
Achten Sie auch in der virtuellen Kommunikation auf Orthografie und Grammatik.	
Verwenden Sie viel Zeit auf die Verwendung von Bildmaterial im Internet. Bilder sind eine Form der nonverbalen Kommunikation. Geübte Betrachter können in Bildern lesen wie in Büchern.	
Vermeiden Sie unbedingt abwertende Äußerungen über Kollegen oder andere Dritte. Da Inhalte oft dauerhaft im Netz bleiben, können solche unbedachten Äußerungen später negativ auf Sie zurückfallen.	

Angesichts der Globalisierung und der weltweiten Verbreitung des Internets sind die Kommunikationsformen in den letzten Jahren erheblich komplexer geworden. Mit einem Mausklick können Sie heute Tausende von Menschen erreichen. In ebenso rasanter Geschwindigkeit nimmt die Informationsdichte zu. Diese Situation erfordert von allen Beteiligten einen wachen und kritischen Umgang mit der Informationsflut.

Fazit

Vor allem mit Informationen über die eigene Person sollten Sie sensibel umgehen. Netzwerke wie Xing, Twitter, Facebook, MySpace etc. verbuchen einen regen Zulauf. Mit ihrer Nutzung wächst aber auch die Gefahr, Informationen über die eigene Person zu veröffentlichen, die nicht für andere vorgesehen sind.

Informationen zur eigenen Person

Beispiel

So ist z. B. zu beobachten, dass Vorgesetzte einen Mitarbeiter kündigten, nachdem sie auf Facebook ein Bild gefunden hatten, das ihn in einem Irish Pub zeigte, während er krankgeschrieben war.

Schnelleinstieg: Die Führungs-
instrumente im Überblick

Für die Führung und Steuerung Ihrer Mitarbeiter sind vor allem kommunikative Kompetenzen gefordert. So gesehen sind Führungs- instrumente Werkzeuge, die die kommunikativen Fähigkeiten der Führungskraft stärken. kommunikative Kompetenzen

Manche Personalmaßnahmen erfordern starke Nerven

Der Einsatz von Führungstechniken setzt eine starke Persönlichkeit voraus: Die Führungskraft muss möglicherweise Vorwürfe und Spannungen in der Beziehung zum Mitarbeiter aushalten können, wenn sie Führungsinstrumente, wie etwa das Kritikgespräch oder die Abmahnung, einsetzen. Besonders in solchen Fällen ist die Fä- higkeit der Führungskraft, sich gegen die Wünsche oder Forderun- gen des Mitarbeiters professionell abgrenzen zu können, von beson- derer Bedeutung. Wenn Sie die Notwendigkeit, solche „harten" Personalmaßnahmen anzuwenden, erkannt und gut begründet ha- ben, wird es Ihnen leichter fallen, entsprechend zu handeln.

Im Folgenden werden die wichtigsten Instrumente der Mitarbeiter- führung kurz vorgestellt.

Führungsinstrument: Mitarbeiter auswählen

Mitarbeiterauswahl ist eine Führungsaufgabe. Sie müssen (mit-) entscheiden, welcher Bewerber die erforderlichen fachlichen Quali- fikationen sowie Soft Skills mitbringt und in Ihr Team passt. Es lohnt sich zu erkunden, ob Sie mit der Person gut auskommen, eine Auseinandersetzung mit diesem Thema kann Ihnen viel Ärger er- sparen. Dieser Auswahlprozess wird von vielen psychologischen Wahrnehmungs- und Bewertungsphänomenen begleitet und beein- flusst, die in den Kapiteln 4 und 5 ausführlich behandelt werden.

Führungsinstrument: Mitarbeiter positionieren

Teambuilding

Den passenden Mitarbeiter an die richtige Stelle zu setzen, ist eine typische Führungsaufgabe, die viel Menschenkenntnis voraussetzt. Auf Menschenkenntnis allein sollten Sie sich aber nicht verlassen: Die Psychologie bietet hier viele Erkenntnisse darüber, wie gruppendynamische Prozesse ablaufen. Wenn Ihnen die Aufgabe der Mitarbeiterpositionierung gelingt, haben Sie eine zentrale Erfolgsvoraussetzung für Ihr Team oder Projekt erfüllt. In dem Kapitel „Teamarbeit" finden Sie Hinweise, worauf Sie bei der Besetzung von Teams achten müssen.

Führungsinstrument: Mitarbeiter durch Ziele motivieren

Zielsetzung

Dieses Führungsinstrument setzen Sie ein, um die Leistung Ihrer Mitarbeiter und die Arbeitszufriedenheit zu steigern. Denn nur Mitarbeiter, die ihre Aufgaben mit großer Motivation und innerer Anteilnahme ausführen, können sehr gute Leistungen erbringen. Dieses Führungsinstrument erleichtert auch Ihnen die Arbeit. Denn wenn Ihr Mitarbeiter über hohe Eigenmotivation verfügt, erfordert seine Führung weniger Kraft von Ihrer Seite. Besonders motivierend für den Mitarbeiter ist es, wenn Sie ihm Aufgaben übertragen, die er eigenständig lösen kann.

In dem Kapitel „Mitarbeitermotivation" erfahren Sie, was Sie bei diesem Führungsinstrument beachten müssen und wie Sie psychologische Effekte für Ihre Personalarbeit nutzen.

Finanzielle Anreize schaffen

Anreiz durch Vergütung

Mithilfe der Remuneration (Vergütung) lassen sich (kurzfristig) klare Anreizstrukturen schaffen, jedoch auch erhebliche Emotionen entwickeln. Die Kommunikation von Anreizmodellen kann für Manager sehr belastend sein. Häufig reagieren sie somatisch mit Körper-, Rücken- oder Kopfschmerzen. Die negativen Emotionen auszuhalten und die negative Energie abzufedern, wenn die Mitarbeiter (unter Umständen) zum wiederholten Mal ihre Leistungszulagen nicht erhalten, ist nicht einfach.

Noch komplizierter wird das finanzielle Anreizsystem, wenn der Vorgesetzte selbst mit Leistungsanteilen vergütet wird.

Im Kapitel 6 lernen Sie Möglichkeiten und Techniken der Mitarbeitermotivation kennen, die unabhängig von finanziellen Anreizen sind. Formen der Mitarbeitermotivation, die von rein finanziellen Anreizsystemen entkoppelt sind, bildet eine wichtige und interessante Herausforderung.

Führungsinstrument: Zielvereinbarungen treffen

In der Führungspraxis hat sich das Führen mithilfe von Zielvereinbarungen durchgesetzt. Dieses Führungsinstrument hat den entscheidenden Vorteil, dass Sie in der Regel nur die Ziele mit dem Mitarbeiter festlegen müssen und dieser das Ziel dann eigenständig erreichen soll. Der Mitarbeiter erhält durch dieses Instrument Eigenverantwortung (vgl. S. 116 „Empowerment"). Darüber hinaus wird er für die übergeordneten Ziele des Unternehmens sensibilisiert. Wichtig ist, dass Sie die Zielerreichung (gegebenenfalls auch die Erreichung von Etappenzielen) überprüfen und Ihrem Mitarbeiter in einem Gespräch eine klare Rückmeldung zu seinen Leistungen geben.

Achtung:
Zielvereinbarungen, die an die Vergütung des Mitarbeiters geknüpft sind, unterliegen dem Mitbestimmungsrecht des Betriebsrats (§ 87 Abs. 1 Nr. 10 BetrVG).

Führungsinstrument: Leistungen kontrollieren

Das Kontrollieren, Messen und Beurteilen von Leistungen der Mitarbeiter gehört zu den zentralen Aufgaben einer Führungskraft. Führen ohne Kontrollieren ist nicht möglich. Die Frage jedoch lautet: Wie oft und wie intensiv sollten Sie Leistungen kontrollieren? Dies hängt natürlich von der Bedeutung der Aufgabe und der Leistungsfähigkeit des Mitarbeiters ab. Idealerweise kontrollieren Sie so wenig wie möglich und so viel wie nötig. Wenn Sie Aufgaben an Mitarbeiter delegiert oder mit ihm bestimmte Ziele vereinbart haben, sollten Sie grundsätzlich immer die Zielerreichung kontrollieren und nicht den Weg, also die Methode, mit der Ihr Mitarbeiter an sein Ziel gelangt ist.

Führungsinstrument: Mitarbeiter beurteilen

Die Leistungen der Mitarbeiter zu beurteilen, gehört zu den typischen Führungsaufgaben. Wahrnehmungs- und Beurteilungsfehler lassen sich im Beurteilungsprozess nicht immer vermeiden.
In Kapitel 5 werden die wichtigsten Beurteilungsinstrumente vorgestellt. Wie Sie Beurteilungsfehler und Wahrnehmungsverzerrungen vermeiden, erfahren Sie in Kapitel 4.

Führungsinstrument: Potenziale analysieren

Potenzialanalysen werden in der Regel im Rahmen der Mitarbeiterbeurteilung durchgeführt. Gleichzeitig sollte man sich über die Grenzen von Potenzialanalysen im Klaren sein. Persönliche Faktoren spielen bei der Beförderung einer Person immer eine Rolle. Die Frage ist, in welchem Reifegrad die Führungskraft sich befindet.

Führungsinstrument: Mitarbeiterentwicklung

Die Mitarbeiterentwicklung ist ein Werkzeug, um die Effizienz eines Unternehmens zu erhöhen. Dabei geht es darum, gezielt und frühzeitig Kompetenzen aufzubauen, die in dem Unternehmen gebraucht werden. Nachdem ein Mitarbeiter sich in einem Unternehmen eingelebt hat, setzt ein kontinuierlicher Lernprozess des Mitarbeiters ein, den Sie aktiv unterstützen sollten. Dafür gibt es eine Vielzahl von Entwicklungs- und Qualifizierungsmaßnahmen. Neben der Teilnahme an Fortbildungen und Trainingseinheiten, die allerdings sehr kostenintensiv sein können, bietet es sich an, den Mitarbeiter durch die Übertragung von angemessenen Herausforderungen gezielt zu entwickeln. Eine psychologisch besonders wirkungsvolle Technik ist in diesem Zusammenhang das „Empowerment", eine Führungstechnik, auf die auf Seite 116 näher eingegangen wird.

Führungsinstrument: Change-Prozesse einleiten

Wenn ein Unternehmen in eine Krise gerät, sind oftmals radikale Richtungswechsel und Umstrukturierungen durchzuführen. Dieser so genannte Change-Prozess erfordert von der Führungskraft den Mut zu entschlossenem Handeln und besondere kommunikative Kompetenzen. Vor allem kommt es darauf an, die Mitarbeiter im Veränderungsprozess mitzunehmen und die Notwendigkeit der Maßnahmen offen zu kommunizieren.

Manche Führungskräfte scheuen sich, Änderungsprozesse einzuleiten und Entscheidungen zu treffen. Der Veränderungsprozess beginnt oft zögerlich, was wiederum zu Nachteilen führen kann. Eine Führungskraft benötigt deshalb auch das Vertrauen und die Unterstützung ihres Vorgesetzten.

Führungsinstrument: Widerstände bearbeiten

Da der Mensch dazu neigt, ein stabiles System erhalten zu wollen, wird er bei Veränderungen voraussehbar mit Widerstand reagieren. Widerstände sind so gesehen eine natürliche Reaktion auf Veränderungen. Auch hier ist es wichtig, die Mitarbeiter während des Veränderungsprozesses zu unterstützen und mit Widerständen sachlich und konstruktiv umzugehen. Wichtig ist hier vor allem, dass Sie die Notwendigkeit der Veränderungen nachvollziehbar begründen und Ihre Mitarbeiter aktiv in den Veränderungsprozess einbinden. Wenn Sie Ihren Mitarbeitern die Möglichkeit geben, die Veränderungen selbst mitzugestalten, z. B., indem Sie ihre Ideen zur Verbesserung der Arbeitsorganisation einbringen können, lassen sich auf diese Weise Widerstände leichter auflösen.

Widerstände im Veränderungsprozess

Führungsinstrument: Einen Mitarbeiter abmahnen

Mit der (schriftlichen) Abmahnung machen Sie deutlich, dass Sie ein bestimmtes Verhalten oder eine Fehl- bzw. Schlechtleistung Ihres Mitarbeiters nicht hinnehmen werden. Zugleich kündigen Sie arbeitsrechtliche Konsequenzen in Form einer (verhaltensbedingten) Kündigung an, sollte der Mitarbeiter das abgemahnte Verhalten fortsetzen.

71

demotivierende
Wirkung der
Abmahnung

Die Abmahnung ist ein Warnsignal für den Mitarbeiter. Bevor Sie eine Abmahnung aussprechen, sollten Sie jedoch auch die Nachteile dieses Führungsinstruments abwägen: Mit der Abmahnung können Sie nur steuerbares (Fehl-)Verhalten des Mitarbeiters abmahnen. Wenn mangelndes Können die Ursache für die Fehlleistung ist, ist die Abmahnung das falsche Instrument. Eine Abmahnung führt in der Regel zu einer – zum Teil erheblichen – Demotivierung des Mitarbeiters. Prüfen Sie deswegen, ob eine mündliche Ermahnung ausreichend ist.

Führungsinstrument: Einen Mitarbeiter kündigen

Trennungs-
kultur

Wenn die Auflösung des Arbeitsverhältnisses nicht einvernehmlich erfolgt, kann dies dem Ruf des Unternehmens Schaden zufügen. Deswegen ist es wichtig, eine „Trennungskultur" zu etablieren. Ein Unternehmen, das sich von jedem Mitarbeiter im offenen oder unterschwelligen Konflikt trennt, schadet sich selbst. Denn natürlich wird sich eine hohe Fluktuationsquote herumsprechen. Das Ziel sollte eine faire Trennung sein, die es ermöglicht, sich auch zu einem späteren Zeitpunkt „in die Augen sehen zu können". Die Investition in Abfindungen ist vor dem Hintergrund eine wirkungsvolle Lösung.

Achtung:
Kündigungen unterliegen dem Mitbestimmungsrecht des Betriebsrats (§ 102 BetrVG).

Teil II

Betriebliche Situationen aus psychologischer Perspektive

4 Mitarbeiter auswählen

Der Prozess der Personalauswahl wird von vielen psychologischen Faktoren begleitet und beeinflusst. Bereits bei der Entscheidung, welche Kandidaten zu einem Gespräch eingeladen werden, sind viele psychologische Effekte im Spiel. Besondere psychologische Dynamik entfaltet das Auswahlgespräch.

In ein bis zwei Auswahlgesprächen müssen Sie sich ein Bild von einem Menschen machen, den Sie in der Regel noch nie zuvor gesehen haben. Sie wollen herausfinden, ob er oder sie die erforderlichen fachlichen Kompetenzen und Soft Skills mitbringt und die Persönlichkeit des Kandidaten insgesamt zu Ihrem Unternehmen bzw. zum Team passt. Für diese komplexe Aufgabe benötigen Sie eine sehr gute Menschenkenntnis und psychologisches Gespür. Darüber hinaus sollten Sie professionelle Beurteilungsinstrumente einsetzen und auch über die wichtigsten psychologischen Phänomene, wie z. B. Beurteilungsfehler und Wahrnehmungseffekte, informiert sein.

In diesem Kapitel erfahren Sie,
- wie Sie durch den Einsatz von Beurteilungsinstrumenten Bewertungsfehler vermeiden und zu einer aussagekräftigen Beurteilung gelangen (Kapitel 4.1),
- wie Sie mithilfe von Fragetechniken herausfinden, ob der Bewerber über die erforderlichen Kompetenzen (Soft Skills) verfügt (Kapitel 4.2) und
- welche psychologischen Effekte die Wahrnehmung und Beurteilung des Bewerbers beeinflussen und verzerren können (Kapitel 4.3).

Im Mittelpunkt dieses Kapitels steht das Bewerbergespräch, weil in dieser Beurteilungssituation viele psychologische Phänomene wirksam sind, die häufig auch bei Beurteilungsgesprächen mit Mitarbeitern auftreten. Die dargestellten psychologischen Phänomene und Fragetechniken lassen sich mühelos auf das Beurteilungsgespräch übertragen, das im anschließenden Kapitel 5 behandelt wird.

4.1   Die Beurteilungsinstrumente im Auswahlprozess

Beurteilungs-
instrumente

In ein bis höchstens zwei Auswahlgesprächen müssen Sie sich ein Bild von dem Kandidaten machen und herausfinden, ob der Bewerber für die zu besetzende Position geeignet ist. In diesem Gespräch stehen in der Regel insbesondere die sozialen Kompetenzen (Soft Skills) des Bewerbers im Vordergrund. Denn von seiner fachlichen Qualifikation konnten Sie sich schon im Vorfeld des Gesprächs anhand der Bewerbungsunterlagen überzeugen. Auch bietet das Bewerbergespräch die Chance, die Persönlichkeit des Bewerbers kennenzulernen, um herauszufinden, ob er oder sie in die Mitarbeiterstruktur des Teams passt.

Im Folgenden erhalten Sie einen Überblick über die wichtigsten Beurteilungsinstrumente für den Auswahlprozess:

* Anforderungsprofil
* Interviewleitfaden
* Bewertungsbogen

Anforderungsprofil

Zur Vorbereitung des Bewerbergesprächs sollten Sie ein Anforderungsprofil für die zu besetzende Position erstellen, in dem neben den fachlichen Anforderungen auch die Kernkompetenzen (Soft Skills), über die der Bewerber verfügen sollte, aufgeführt sind.

Beispiel:

Frau Stern muss die Position eines Teamleiters neu besetzen, weil der bisherige Teamleiter überraschend das Unternehmen verlassen hat. Zunächst hat sie ein Anforderungsprofil erstellt, das neben den fachlichen Voraussetzungen für die Position des Teamleiters auch die erforderlichen Kernkompetenzen enthält:

* Führungsstärke für die Leitung des Teams
* Konfliktfähigkeit, weil es sich um ein „schwieriges Team" handelt
* kommunikative Kompetenz
* Teamfähigkeit

Bevor Sie Bewerber zu einem Vorstellungsgespräch einladen, machen Sie sich mithilfe eines Anforderungsprofils klar, welche fachlichen Anforderungen und Kompetenzen für die zu besetzende Position erforderlich sind. Für das Bewerbergespräch sollten Sie eine Liste mit den erforderlichen drei bis fünf Kernkompetenzen vorbereitet haben. Durch gezielte Fragen finden Sie heraus, ob der Bewerber über die erforderlichen Kompetenzen verfügt.

Bewertungsmatrix

Die Liste der Kernkompetenzen nehmen Sie in eine Bewertungsmatrix auf (siehe folgende Abbildung). Während des Bewerbergesprächs oder direkt anschließend tragen Sie in diese Matrix Ihre Bewertung z. B. in Notenstufen von 1 bis 5 oder durch Ankreuzen ein.

Klare Beurteilungskriterien

Kernkompetenzen	1	2	3	4	5
Führungsstärke					
Konfliktfähigkeit					
Teamfähigkeit					
kommunikative Kompetenz					

Abb.: Bewertungsmatrix (Beispiel)

Interviewleitfaden

Mithilfe des Interviewleitfadens geben Sie dem Bewerbergespräch eine klare Struktur. Auf diese Weise stellen Sie sicher, dass Sie im Bewerbergespräch nichts Wichtiges vergessen. Gleichzeitig sorgen Sie dafür, dass die Bewerbergespräche immer den gleichen Aufbau haben, was die gerechte Beurteilung der Kandidaten erleichtert. Die Bewertungsmatrix können Sie auch in den Interviewleitfaden integrieren.

4.2   Fragetechniken im Bewerbergespräch

Anforderungsprofil, Bewertungsmatrix und Interviewleitfaden sind die drei wichtigsten Beurteilungsinstrumente, die Sie auf jeden Fall im Bewerbergespräch einsetzen sollten.

Zu den Beurteilungsinstrumenten gehören auch die Fragetechniken. Denn was hilft ein noch so differenzierter Interviewleitfaden oder die sorgfältige und vollständige Aufstellung der geforderten Kompetenzen, wenn es Ihnen nicht gelingt, das Gespräch mit dem Bewerber so zu steuern, dass Sie an die nötigen Informationen kommen. Auf den folgenden Seiten lernen Sie eine Fragestrategie und verschiedene Fragetechniken kennen, die Sie problemlos im Bewerbergespräch anwenden können.

Fragestrategie im Bewerbergespräch

Ihre Aufgabe ist es, das Gespräch so zu führen, dass Sie einen realistischen Eindruck von den tatsächlichen Stärken und Schwächen und den Soft Skills des Bewerbers erhalten. Hierbei sollten Sie sich nicht nur auf Ihre Menschenkenntnis verlassen, sondern eine professionelle Fragestrategie nutzen, die Sie im Folgenden kennenlernen.

Wann werden die Fragetechniken eingesetzt?

Aufbau des Bewerbergesprächs

Mit gezielten Fragen wollen Sie herausfinden, wie sich der Bewerber in den relevanten Kompetenzbereichen verhält. Selbstverständlich werden Sie das Gespräch nicht mit solchen Fragen beginnen. Schließlich ist ein Bewerbergespräch kein Verhör. Vielmehr gibt es in der ersten Phase des Gesprächs mit der Begrüßung zunächst ein kurzes Warm-up. Anschließend erhält der Bewerber die Gelegenheit, seinen beruflichen Werdegang vorzustellen. Dieser Abschnitt des Gesprächs sollte nicht mehr als fünf bis zehn Minuten in Anspruch nehmen. Erst danach werden Sie mithilfe von Einstiegsfragen und weiteren Fragetechniken beginnen, das Gespräch aktiv zu lenken.

Formulieren Sie Einstiegsfragen

Für das Bewerbergespräch sollten Sie fünf bis zehn Einstiegsfragen vorbereitet haben, die auf die erforderlichen Kernkompetenzen zielen. Ausgehend von dem Beispiel auf Seite 76, in dem eine Stelle als Teamleiter besetzt werden soll, könnten Sie z. B. die folgenden Einstiegsfragen vorbereitet haben:

Beispiel:

„Welche Erfahrungen haben Sie bereits mit Teamarbeit gemacht?"

„Wie gehen Sie mit Konflikten im Team um?"

Einstiegsfragen dienen dazu, das Gespräch in eine bestimmte Richtung anzustoßen. Aus ihnen soll sich ein aussagekräftiges und lebendiges Gespräch entwickeln. Deswegen ist es kontraproduktiv, einen elaborierten Fragenkatalog zu erstellen, den Sie dann im Bewerbergespräch monoton abarbeiten.

Funktion von Einstiegsfragen

Tipp:

Notieren Sie die Einstiegsfragen in Ihrem Interviewleitfaden. Schreiben Sie dazu, auf welche Kompetenzen die jeweiligen Fragen zielen. Berücksichtigen Sie den natürlichen Gesprächsverlauf, indem Sie die vorbereiteten Fragen zu dem Zeitpunkt stellen, wenn im Gespräch das entsprechende Thema berührt wird.

Nachdem der Bewerber seinen beruflichen Werdegang geschildert hat, beginnen Sie mit einer (vorbereiteten) Einstiegsfrage. Die Einstiegsfrage in dem folgenden Beispiel zielt auf die Erfahrung des Bewerbers mit der Teamarbeit. Die Führungskraft in der Rolle des Beurteilers möchte etwas über die Kompetenzen „Führungsstärke" und „Teamfähigkeit" in Erfahrung bringen:

Beispiel: Einstiegsfrage

Personalleiter: „Herr Lautermann, in Ihrem Lebenslauf haben Sie geschrieben, dass Sie schon einmal ein Team geleitet haben. Welche Erfahrungen haben Sie damals mit der Teamleitung gemacht?"

Viele Beurteiler machen den Fehler, dass sie sich mit der ersten Antwort zufriedengeben. Wenn Sie aber aussagekräftige Informationen über das Verhalten des Kandidaten in Erfahrung bringen möchten, müssen Sie gezielt nachfragen.

Lesen Sie im folgenden Beispiel, wie das Bewerbungsgespräch von Herrn Lautermann weitergeht.

Beispiel: Vertiefendes Nachfragen

Herr Lautermann: „Also, ich hatte meine Mannschaft eigentlich immer gut im Griff. Da kann ich mich nicht beschweren."

Personalleiter: „Aber es gab doch sicher auch mal Konflikte? Könnten Sie einen Konflikt im Team kurz schildern und auch beschreiben, was Sie in der Situation als Teamleiter unternommen haben?"

gezielte Nachfragen

Der Personalleiter fragt konkret nach, weil ihm die erste Antwort von Herrn Lautermann zu allgemein, also nicht aussagekräftig war. Mit seiner Frage will der Personalleiter in Erfahrung bringen, wie Herr Lautermann Konfliktsituationen wahrnimmt (er soll einen Konflikt beschreiben) und ob er in der Funktion als Teamleiter in der Lage ist, mit Konflikten im Team konstruktiv und lösungsorientiert umzugehen.

Kompetenzen bewerten

Während Herr Lautermann antwortet, macht sich der Personalleiter kurze Notizen zu den Kernkompetenzen „Führungsstärke" und „Konfliktfähigkeit". Abhängig von der konkreten Schilderung des Bewerbers wird er möglicherweise auch Informationen zu anderen Kompetenzen, wie „Moderationsfähigkeit" oder „Einfühlungsvermögen" erhalten und seine Bewertung entsprechend festhalten.

> **Tipp:**
>
> Wenn der Bewerber auch auf wiederholtes Nachfragen nicht konkreter wird, etwa weil ihm kein Konflikt einfällt, könnte der Personalleiter dem Bewerber auch einen fiktiven Konflikt schildern und ihn bitten, darzulegen, wie er als Teamleiter mit dem Konflikt umgehen würde.

Durch eine offene Einstiegsfrage und in der Regel mehreren gezielten Nach- oder Anschlussfragen lässt sich normalerweise schon viel über den Bewerber (hinsichtlich bestimmter Kompetenzen) in Erfahrung bringen.

Ergänzen können Sie diese beiden Frageformen noch durch eine abschließende Frage, die auf die Reflexionsfähigkeit des Bewerbers zielt:

Beispiel: Abschließende Frage

Personalleiter: „Vielen Dank, Herr Lautermann, für Ihre Schilderung! Können Sie abschließend noch darstellen, was Sie aus dem geschilderten Konflikt für Ihre Arbeit gelernt haben?"

Diese Fragestrategie ist einfach anzuwenden und eignet sich auch für Mitarbeitergespräche. Damit das Gespräch möglichst natürlich verläuft, sollten Sie diese Strategie in vielen Gesprächen trainieren. Eine vergleichbare Vorgehensweise liegt der Technik „Fragetrichter" zugrunde.

Der Fragetrichter

Die Gesprächstechnik „Fragetrichter" ist besonders gut geeignet, um gezielt an aussagekräftige Informationen über den Bewerber zu gelangen. Diese Technik funktioniert ähnlich wie die zuvor dargestellte systematische Fragestrategie: Zu Beginn wird eine motivierende, offene Einstiegsfrage gestellt. Anschließend wird durch gezieltes Nachfragen die gewonnene Information schrittweise konkretisiert.

Abb.: Fragetrichter[6]

---

[6] Diese Abbildung ist dem Band „Praxishandbuch Mitarbeiterführung" von Michael Lorenz und Uta Rohrschneider, München 2009, S.19, entnommen.

81

Mithilfe des Fragetrichters stellen Sie zunächst allgemeinere Fragen, deren Fokus schrittweise eingeengt und spezifiziert wird, um so zu konkreten Informationen zu gelangen. Der Fragetrichter eignet sich besonders bei sensiblen Themen, die man nicht unvermittelt, auf direktem Weg ansprechen möchte. Im Auswahlgespräch lässt sich mithilfe dieser Fragetechnik ein Bewerber, der sehr allgemeine Antworten gibt, schrittweise zu konkreten Aussagen bewegen.

Beleben Sie das Gespräch mit offenen Fragen

offene Fragen

Fragen sind der direkte Weg, an Informationen über den Bewerber zu gelangen. Für Auswahlgespräche bieten sich vor allem so genannte „offene Fragen" an, die sich nicht mit Ja oder Nein beantworten lassen. Offene Fragen werden auch als W-Fragen bezeichnet. Wenn Sie Ihre Frage mit den Fragewörtern *Wer? Warum? Wann? Wie? Was?* beginnen, fordern Sie den Angesprochenen auf, ausführlich zu antworten. Offene Fragen motivieren den Gesprächspartner und bringen das Gespräch in Gang.

Beispiele für offene Fragen

„Warum haben Sie den Beruf gewechselt?"

„Wie haben Sie die Konferenz organisiert?"

„Wann haben Sie mit der Umstrukturierung begonnen?"

geschlossene Fragen

Geschlossene Fragen lassen sich knapp mit Ja oder Nein beantworten. Sie werden im Bewerbergespräch nur verwendet, wenn Sie eine ganz konkrete Information erfragen wollen. Daneben eignen sich geschlossene Fragen, um Ergebnisse festzuhalten, z. B. wenn Sie etwas Gesagtes noch einmal zusammenfassen und den Bewerber um eine Bestätigung der Zusammenfassung bitten.

Beispiele für geschlossene Fragen

„Beherrschen Sie das Programm Linux?"

„Können Sie zum 1. Juni die Stelle antreten?"

„Habe ich Sie richtig verstanden: Sie meinen, Kosten kann man nur durch Personalabbau senken?"

> **Achtung:**
> Für die Ermittlung von sozialen Kompetenzen bzw. Soft Skills des Bewerbers sind geschlossene Fragen, die auf knappe, objektive Information zielen, nicht geeignet.

Aktiv zuhören

Nicht allein im Bewerbergespräch, sondern in allen Gesprächen mit Ihren Mitarbeitern sollten Sie aktiv zuhören. Darunter ist eine Gesprächshaltung zu verstehen, die sich durch folgende Verhaltensweisen auszeichnet:

- Konzentrieren Sie sich auf Ihren Gesprächspartner.
- Halten Sie Blickkontakt, während er spricht – selbstverständlich ohne ihn anzustarren.
- Geben Sie Ihrem Gesprächspartner schon während er spricht kurze Rückmeldungen, z. B. durch Kopfnicken, Bestätigungen oder auch Verständnisfragen.

Mit diesen und ähnlichen Verhaltensweisen nehmen Sie auch als Zuhörer aktiv am Gespräch teil und schaffen eine angenehme Atmosphäre, die den Gesprächspartner motiviert, offen seine Gedanken zu äußern.

Auf der CD-ROM finden Sie eine Übersicht zu allen wichtigen Fragetechniken, die Sie in Auswahl- und Mitarbeitergesprächen einsetzen können.  siehe CD-ROM

4.3 Der Einfluss von psychologischen Faktoren auf die Beurteilung

Die Wahrnehmung und Beurteilung des Bewerbers wird von vielen psychologischen Faktoren mitbestimmt. Schon in den ersten Augenblicken des Kennenlernens machen Sie sich ein Bild des Kandidaten und stehen unter dem Einfluss des „ersten Eindrucks", der die Wahrnehmung des Bewerbers im weiteren Gesprächsverlauf beeinflusst.

Welche Faktoren beeinflussen die Beurteilung des Bewerbers?

Damit Ihnen keine gravierenden Beurteilungsfehler unterlaufen, lernen Sie auf den folgenden Seiten die häufigsten Wahrnehmungsfehler kennen, die zu einer fehlerhaften Beurteilung des Bewerbers führen.

1. Gefühle der Sympathie bzw. Antipathie

Ähnlichkeit erzeugt Sympathie

Unsere Wahrnehmung eines Menschen wird immer von mehr oder weniger stark ausgeprägten Gefühlen der Sympathie oder Antipathie begleitet. Ein Bewerber ist Ihnen vertraut und sympathisch, weil er ein ähnliches Hobby wie Sie hat. Oder Sie reagieren mit innerem Widerwillen und Antipathie, weil Ihnen der Dialekt des Bewerbers unangenehm ist.

Um zu verhindern, dass subjektive Faktoren, die nichts mit der Eignung des Bewerbers zu tun haben, Einfluss auf die Beurteilung gewinnen, müssen Sie Ihre subjektiven Vorlieben und Empfindlichkeiten kennen. Erst dann können Sie versuchen, die psychologischen Begleitphänomene bewusst auszuklammern, um sich auf diejenigen Verhaltensweisen und Äußerungen des Bewerbers zu konzentrieren, die für die Stelle erforderlich sind, und zu einer sachlich begründeten Beurteilung zu gelangen. Weitere Hinweise zu der Fähigkeit einer guten Führungskraft, die eigene Person mit Ihren Stärken und Schwächen realistisch einschätzen zu können, finden Sie auch in Kapitel 1 auf Seite 19 ff.

2. Subjektive Beurteilungstendenzen

zu mildes oder zu strenges Urteil

Ein weiterer typischer Beurteilungsfehler besteht in der Neigung mancher Führungskräfte, in jedem Fall zu streng oder auch zu mild zu urteilen. Manche Führungskräfte tendieren dazu, in ihrem Urteil eine festgelegte Tendenz zu haben. Sie beurteilen den Bewerber oder Mitarbeiter z. B. immer besonders streng oder auch zu rücksichtsvoll.

Die Tendenz zur versöhnlich-milden Beurteilung kann beispielsweise auf ein ausgeprägtes Harmoniebedürfnis zurückgehen. Führungskräfte, die die Auseinandersetzung mit ihrem Mitarbeiter bzw. dem Bewerber scheuen, neigen typischerweise zu einer allzu milden Beurteilung.

Dagegen neigen unsichere Menschen oft dazu, ein mittleres, allzu ausgewogenes Urteil abzugeben. Sie wollen sich nicht festlegen, was den Vorteil hat, dass sie ihr Urteil nicht verteidigen müssen. Diese Beurteilungstendenz wird als „Tendenz zur Mitte" bezeichnet.

Tendenz zur Mitte

Diese Beurteilungsfehler bzw. Verzerrungen können Sie am besten vermeiden oder ausgleichen, wenn Sie mehrere Beobachter am Bewerbergespräch teilnehmen lassen. Als Führungskraft, die regelmäßig die Leistung ihrer Mitarbeiter beurteilen muss, sollten Sie aber auch selbst regelmäßig überprüfen, ob Ihr Urteil einer der genannten Beurteilungstendenzen unterliegt.

> **Tipp:**
> Fragen Sie Ihre Kollegen und Mitarbeiter, wie sie Ihr Beurteilungsverhalten einschätzen. Möglicherweise haben Sie schon lange den Ruf, allzu versöhnlich oder viel zu streng zu urteilen.

3. Stereotype, Vorurteile und Verallgemeinerungen

Vorurteile gegen Personen, die einer bestimmten Gruppe angehören, treten natürlich auch bei Bewerbergesprächen gelegentlich auf. So hat eine Studie ergeben, dass in Deutschland etwa Bewerber mit einem türkischen Namen immer noch deutlich schlechtere Bewerbungschancen haben.

Auch in solchen Fällen gilt es, sich diese Vorurteile oder unzulässigen Verallgemeinerungen bewusst zu machen, und die Meinung von weiteren Kollegen, die an dem Bewerbergespräch teilgenommen haben, einzuholen.

Nicht zuletzt besteht die Gefahr, dass in einem Bewerbergespräch gegen das Allgemeine Gleichbehandlungsgesetz (AGG) verstoßen wird, wenn die Ablehnung eines Bewerbers in diskriminierender Weise begründet wird. Das AGG verbietet die Diskriminierung aufgrund der Merkmale Rasse bzw. ethnische Herkunft, Geschlecht, Religion oder Weltanschauung, Behinderung, Alter und sexuelle Orientierung.

Konflikt mit dem AGG

4. Überstrahlungseffekt (Halo- oder Pygmalion-Effekt)

Von einem Halo-Effekt spricht man, wenn der positive oder negative Gesamteindruck von dem Bewerber alle Verhaltensweisen „überstrahlt". Dadurch wird eine psychologische Dynamik in Gang gesetzt, die das Urteilsvermögen entdifferenziert und die Urteilsfähigkeit unterwandert. Geblendet vom „strahlenden" Gesamteindruck des Bewerbers werden ihm weitere positive oder auch negative Eigenschaften zugeschrieben, die tatsächlich gar nicht belegt sind. Dazu ein kurzes Beispiel:

Beispiel:

In einer Marketingagentur wird ein neuer Mitarbeiter gesucht, der in der Lage ist, ansprechende und fehlerfreie Werbetexte und Newsletter zu verfassen. Im Vorstellungsgespräch sind alle von dem souveränen und sprachgewandten Auftritt von Frau Sonne begeistert. Es besteht kein Zweifel, dass sie die ideale Kandidatin ist. Frau Sonne kann zum Monatsersten die neue Stelle antreten.

Schon in der Einarbeitungsphase wird schnell klar, dass Frau Sonne mit der Orthografie auf Kriegsfuß steht. Zudem häufen sich stilistische Fehler. Durch einen Einstellungstest, in dem gezielt die schriftlichen Sprachkenntnisse geprüft werden, hätte dieses Fehlurteil vermieden werden können.

5. Primacy- und Recency-Effekte

Primäreffekt

Manche erfahrene Personalchefs verlassen sich in Bewerbergesprächen stark auf ihren ersten Eindruck. Bei dem in der Psychologie so genannten Primäreffekt handelt es sich um die Tatsache, dass wir in der Vergangenheit gemachte Erfahrungen neuronal abspeichern und schnell abrufbar bereit halten. Man geht davon aus, dass diese Wahrnehmungshilfe es dem Menschen in der Frühzeit ermöglicht hat, Gefahren schnell zu erkennen und zu reagieren.

Im Bewerbergespräch kann der gute oder schlechte erste Eindruck jedoch täuschen. Wenn Sie bemerken, dass Sie schon in den ersten Minuten des Kennenlernens ein Urteil gebildet haben, sollten Sie im weiteren Verlauf besonders aufmerksam und kritisch prüfen, ob der positive (oder negative) erste Eindruck auch hält, was er verspricht.

Wirkung des letzten Eindrucks

Ebenso kann aber auch der (gute oder schlechte) „letzte Eindruck", den der Bewerber am Ende des Vorstellungsgesprächs hinterlässt, bei dem Beurteiler haften bleiben und seine Bewertung insgesamt verzerren.

Beispiel

Das Vorstellungsgespräch von Herrn Rohm ist eigentlich ganz gut ge-laufen. Mit großer Erleichterung, dass alles überstanden ist, läuft er aus dem Gespräch und vergisst dummerweise, sich auch bei dem anwesen-den Personalreferenten Herrn Huber mit Handschlag zu verabschieden.

In der anschließenden Bewertung kann Herr Huber diesen Fauxpas nicht verzeihen und hält den Bewerber „in jeder Beziehung" für unge-eignet. Die anderen Teilnehmer des Bewerbergesprächs sehen das ganz anders und appellieren an Herrn Huber, wegen des unglücklichen „letz-ten Eindrucks" nicht die insgesamt sehr gute Performance von Herrn Rohm zu vergessen.

In der Wahrnehmungspsychologie wird die Tatsache, dass der letzte Eindruck oft stärker und länger im Gedächtnis des Beurteilers haften bleibt, als Rezenzeffekt bezeichnet. Dieses Phänomen hat auf alle Beurteilungssituationen, wie dem Auswahlgespräch oder auch der Mitarbeiterbeurteilung, einen großen Einfluss. Der Rezenzeffekt, die Kraft des letzten Eindrucks, wird aber auch in der Werbeindustrie verwendet, wenn der Hauptvorteil des beworbenen Produkts zum Schluss noch einmal wiederholt wird, um den Entscheidungsprozess des potenziellen Käufers zu manipulieren. Rezenzeffekt

6. Kontrasteffekt

Ein weiterer Faktor, der die Wahrnehmung und Bewertung eines Bewerbers beeinflusst, ist der Zeitpunkt, in dem der Bewerber einer Beurteilung unterzogen wird.

Wenn unmittelbar vor dem Gespräch mit einem durchschnittlich guten Bewerber ein Interview mit einem herausragenden Kandida-ten stattfand, wird die Leistung des durchschnittlichen Bewerbers möglicherweise als schlechter wahrgenommen und bewertet. Umge-kehrt erscheint der durchschnittliche Bewerber im besseren Licht, wenn eine Stunde zuvor ein sehr schlechter Kandidat interviewt worden ist.

So vermeiden Sie Beurteilungsfehler

Am Beispiel von Beurteilungssituation, die den beschriebenen psy-chologischen Effekten ausgesetzt sind, wird der große Nutzen von einheitlichen Beurteilungskriterien und standardisierten Beurteilungsinstrumenten deutlich (vgl. zu den Beurteilungsinstrumenten S. 76 ff.). Der konsequente Einsatz von Beurteilungsinstrumenten macht die Leistungen der Bewerber vergleichbar und schützt sowohl die Führungskräfte vor Fehlurteilen als auch die Bewerber vor unfairer Beurteilung.

Viele der hier beschriebenen Beurteilungsfehler lassen sich vermeiden, wenn Sie den Beurteilungsprozess standardisieren und professionelle Beurteilungsinstrumente einsetzen, die für alle Bewerber die gleichen Voraussetzungen schaffen und so den „subjektiven Faktor" bei der Bewertung kleinhalten.

Beurteilungsinstrumente verringern die hier beschriebenen psychologischen Effekte. Ihr Einsatz hat vor allem drei Vorteile:

1. Durch den gezielten Einsatz von Beurteilungsinstrumenten werden nur die erforderlichen Kompetenzen abgefragt.
2. Auf diese Weise ist ein gerechter Vergleich der Kandidaten möglich.
3. Die subjektive und selektive Wahrnehmung des Beurteilers wird durch den Einsatz von Beurteilungsinstrumenten ausgeglichen.

Sieben Tipps zur Vermeidung von Beurteilungsfehlern

Es gibt einige ganz konkrete Möglichkeiten, Beurteilungsfehler zu vermeiden, indem Sie den Beurteilungsprozess an bestimmte Standards orientieren.

siehe CD-ROM

1. Beurteilen Sie den Bewerber niemals allein! Ziehen Sie weitere Teilnehmer oder Beobachter zum Auswahlgespräch hinzu und beziehen Sie deren Urteil in Ihre Bewertung ein.
2. Gleichen Sie Ihren Eindruck von dem Bewerber mit dem Eindruck von Dritten, die auch an dem Gespräch teilgenommen haben, ab.
3. Verwenden Sie professionelle Beurteilungsinstrumente, wie sie auf S. 76 ff. beschrieben worden sind (Anforderungsprofil, Interviewleitfaden, Bewertungsbogen etc.).
4. Orientieren Sie Ihre Bewertung an konkrete Verhaltensschilderungen des Bewerbers.
5. Überlegen Sie, ob Ihrerseits eine besondere Antipathie oder Sympathie gegenüber dem Bewerber im Spiel ist.

6. Überlegen Sie, ob einer der oben genannten psychologischen Effekte Ihr Urteil verzerrt bzw. beeinflusst haben könnte.

7. Fragen Sie sich, welche Kompetenzen für die zu besetzende Position wirklich notwendig sind. Wenn die Stelle eines Sachbearbeiters in der Buchhaltung zu besetzen ist, muss der Bewerber vermutlich kein „Teamplayer" sein – auch wenn Ihnen solche Menschen vielleicht sympathischer sind.

Beurteilen Sie aufgrund von Verhaltensschilderungen

Orientieren Sie Ihre Bewertung an konkrete Verhaltensschilderungen des Bewerbers. Am meisten erfahren Sie über die Eignung eines Bewerbers, wenn Sie ihn auffordern, konkretes Verhalten zu schildern, und anschließend gezielt nachfragen. Die Verhaltensschilderung des Bewerbers bildet dann die Basis für Ihre Einschätzung, ob und in welchem Maße der Bewerber über die geforderten Kompetenzen verfügt.

> **Tipp:**
> Vermeiden Sie im Bewerbergespräch Standardfragen. Denn darauf erhalten Sie häufig auch nur vorgefertigte Antworten. Versuchen Sie stattdessen, Ihre Fragen möglichst nahe an konkrete (betriebliche) Situationen zu orientieren. Beurteilen Sie den Bewerber anschließend auf der Grundlage des konkreten Verhaltens, das Ihnen der Bewerber schildert.

Der subjektive Faktor

Die oben beschriebenen Beurteilungsfehler gehen auf die subjektive bzw. selektive Wahrnehmung des Beurteilers zurück. Dass die subjektive Wahrnehmung unser Urteil mitbestimmt, ist unvermeidlich. Denn auch wenn Sie im Bewerbergespräch professionell vorgehen, immer bringen Sie sich selbst mit Ihrer spezifischen Sozialisation, Ihren persönlichen Überzeugungen und Erfahrungen, mit, die unbewusst in die Beurteilung einfließen. Diesen Erfahrungshintergrund auszuschalten, ist nicht möglich und auch nicht wünschenswert. Denn er bildet ja gerade die Voraussetzung für Ihre Menschenkenntnis und Ihre Fähigkeit, Menschen treffend zu beurteilen.

Dieses Dilemma lässt sich nur entschärfen, indem Sie – allgemein gesprochen – Ihre Persönlichkeit so gut es geht reflektieren. Um andere gerecht und treffend zu beurteilen, müssen Sie sich selbst mit Ihren Stärken und Schwächen gut kennen.

5 Mitarbeiter beurteilen, fördern und fordern

Dieses Kapitel knüpft thematisch an Kapitel 4 an: Ebenso wie das Bewerbergespräch stellt auch das Beurteilungsgespräch eine Beurteilungssituation dar, in der viele psychologische Phänomene am Werk sind. Die Wahrnehmung und Beurteilung von Mitarbeitern wird von ähnlichen psychologischen Effekten beeinflusst wie die Beurteilung von Bewerbern.

Im Unterschied zum Auswahlgespräch bewerten Sie im Beurteilungsgespräch aber die Leistung und das Verhalten eines Mitarbeiters, mit dem Sie schon länger zusammenarbeiten. Die Mitarbeiterbeurteilung und -förderung ist auf einen längeren Zeitraum angelegt. Fehler in der Beurteilung Ihres Mitarbeiters können sein Selbstwertgefühl verletzen und ihn nachhaltig demotivieren. Die Beurteilung und gezielte Förderung von Mitarbeitern erfordert aus diesem Grund besonderes psychologisches Fingerspitzengefühl.

In diesem Kapitel erfahren Sie,

- welche psychologischen Chancen und Risiken mit der Mitarbeiterbeurteilung verbunden sind (Kapitel 5.1),
- inwiefern der Mitarbeiter von der Beurteilung profitiert (Kapitel 5.1),
- wie Sie das Beurteilungsgespräch vorbereiten und durchführen (Kapitel 5.2),
- wie Sie negative Beurteilungen vermitteln (Kapitel. 5.3).

5.1 Die psychologische Dimension der Mitarbeiterbeurteilung

Mitarbeiterbeurteilung ist eine Führungsaufgabe

Die Leistungen der Mitarbeiter zu beurteilen, ihnen Feedback und unter Umständen Hilfestellung zu geben, sind typische Führungsaufgaben, die Sie immer selbst wahrnehmen sollten. Eine Delegation solcher Aufgaben ist nicht sinnvoll.

Vorteile und Ziele der Mitarbeiterbeurteilung

Die Mitarbeiterbeurteilung hat verschiedene Vorteile und Ziele, die im Folgenden zusammengefasst werden.

1. Durch die Mitarbeiterbeurteilung erhält der Mitarbeiter eine Rückmeldung über seine Arbeitsleistungen. Dadurch bekommt er Klarheit und Orientierung, was von ihm gefordert wird.
2. Durch die Mitarbeiterbeurteilung werden die Stärken und Entwicklungsfelder des Mitarbeiters sichtbar. Dadurch wird es möglich, ihn gezielt zu unterstützen, z. B. durch Fortbildungen und anderen Qualifizierungsmaßnahmen.
3. Aus Unternehmenssicht leistet die Mitarbeiterbeurteilung einen wichtigen Beitrag zur Entwicklung des Humankapitals.
4. Die Mitarbeiterbeurteilung dient der Steigerung der Produktivität der einzelnen Mitarbeiter.
5. Der professionelle Einsatz der Mitarbeiterbeurteilung als Führungsinstrument ermöglicht eine gerechte Beurteilung aller Mitarbeiter. Durch den standardisierten Beurteilungsbogen (vgl. S. 100) und der Festlegung von einheitlichen und sachlichen Beurteilungskriterien werden alle Mitarbeiter (eines Teams oder einer Abteilung) nach einheitlichen Beurteilungskriterien gemessen.

Psychologische Risiken der Mitarbeiterbeurteilung

Aus psychologischer Sicht ist die Mitarbeiterbeurteilung sowohl für den Mitarbeiter also auch für die Führungskraft nicht ohne Risiko.

Selbstwertgefühl des Mitarbeiters

In der Mitarbeiterbeurteilung werden die Arbeitsleistung (das Arbeitsergebnis) und das Arbeitsverhalten des Mitarbeiters bewertet. Die Mitarbeiterbeurteilung berührt damit (unweigerlich) das Selbstverständnis des Mitarbeiters. Aus psychologischer Sicht bedeutet dies: Wenn Leistungen und Verhalten beurteilt werden, geht es immer auch um das Selbstwertgefühl. Als Führungskraft müssen Sie darauf achten, dass Sie mit der Beurteilung nicht das Selbstwertgefühl des Mitarbeiters verletzen.

Risiko für den Mitarbeiter

Wahrnehmungs- und Beurteilungsfehler

Auf der Seite des Beurteilenden, der Führungskraft, besteht die Gefahr, subjektive Wahrnehmungs- und Beurteilungsfehler zu begehen. Diese Bewertungsfehler, wie sie in Kapitel 4.3 (ab S. 83) näher beschrieben werden, lassen sich vermeiden, wenn man den Beurteilungsprozess standardisiert und professionelle Beurteilungsinstrumente einsetzt. Darüber hinaus sollte man den Beurteilungsprozess insgesamt als transparentes Verfahren organisieren, um psychologischen Fallstricken aus dem Weg zu gehen. Einzelheiten dazu lernen Sie auf den folgenden Seiten kennen.

Risiko für die Führungskraft

> **Achtung:**
> Die Mitarbeiterbeurteilung bietet vielfältige psychologische Risiken. Während der Mitarbeiter durch eine (negative) Beurteilung sein Selbstwertgefühl bedroht sieht, besteht aus Sicht der Führungskraft die Gefahr von Wahrnehmungs- und Beurteilungsfehlern. Ein weiteres Risiko besteht darin, dass eine fehlerhafte Beurteilung den Mitarbeiter demotivieren kann.

Bei der Mitarbeiterbeurteilung geht es nicht darum, die „Wahrheit" über den Mitarbeiter in Erfahrung zu bringen. Im Fokus der Beurteilung stehen allein solche Leistungs- und Verhaltensaspekte, die für die Bewältigung der spezifischen Arbeitsaufgaben des Mitarbeiters relevant sind. So werden Sie bei einem Sachbearbeiter in der Personalabteilung, der an seinem Arbeitsplatz kaum Austausch mit anderen Mitarbeitern oder Abteilungen hat, nicht den Bereich „Sozialkompetenz" beurteilen. Entsprechend sind die Beurteilungsinstrumente, hier insbesondere der Beurteilungsbogen (vgl. S. 100), an die jeweilige Position anzupassen. Der Beurteilungsbogen sollte nur solche Kompetenzbereiche aufführen, die für die Tätigkeit des Mitarbeiters eine Rolle spielen.

Nutzen der Beurteilung für den Mitarbeiter

Durch die Beurteilung erhält der Mitarbeiter ein differenziertes Feedback zu seinen Leistungen. Die (psychologische) Botschaft lautet: „Ihre Leistungen sind dem Unternehmen wichtig!" In einem konstruktiven Feedback sollten mögliche Leistungsschwächen als Entwicklungsfelder verstanden werden. Damit liegt die Betonung auf die Verbesserung von Leistungen und nicht auf den Tadel von schwachen Leistungen. Durch die Einschätzung von persönlichen Entwicklungsmöglichkeiten soll seine Arbeitsmotivation gesteigert werden.

Führungs-feedback

Ein weiterer Nutzen des Beurteilungsgesprächs für den Mitarbeiter ebenso wie für die Führungskraft besteht darin, dass er seinem Vorgesetzten eine Rückmeldung zu seiner Führungsarbeit geben kann.

Die Führungskraft ist für den Mitarbeitererfolg mitverantwortlich

Wenn Sie Mitarbeiter beurteilen, sollten Sie eines nicht vergessen: Die Leistungen Ihrer Mitarbeiter lassen immer auch Rückschlüsse auf Ihre Führungsfähigkeiten zu: Wenn Sie einen vermeintlich „leistungsschwachen" Mitarbeiter haben, kann dies zumindest auch daran liegen, dass es Ihnen als Führungskraft nicht gelungen ist, ihn zu besseren Leistungen anzuleiten. Die Leistungen des Mitarbeiters hängen zu einem wesentlichen Anteil davon ab, wie gut Sie ihn eingewiesen und angeleitet haben.

5.2   Vorbereitung und Durchführung des Beurteilungsgesprächs

Ein Beurteilungsgespräch erfordert eine sorgfältige Vorbereitung. Neben der organisatorischen Vorbereitung, auf die hier nur kurz eingegangen wird, ist mit Blick auf psychologische Aspekte vor allem die Vorbereitung auf die Persönlichkeit des Mitarbeiters, der beurteilt werden soll, wichtig. Schon bei der Vorbereitung des Beurteilungsgesprächs können Sie vieles tun, um negative psychologische Auswirkungen des Beurteilungsprozesses auf Ihre Mitarbeiter zu vermeiden.

Organisatorische Vorbereitung

Wie bei allen Mitarbeitergesprächen sollten Sie auch und besonders bei der organisatorischen Vorbereitung von Beurteilungsgesprächen alles tun, damit das Gespräch in einer angenehmen Atmosphäre ohne Störungen stattfinden kann. Dazu gehören:

- frühzeitige Terminvereinbarung (2 bis 3 Wochen vor dem Gespräch)
- Auswahl eines ruhigen Besprechungsraums
- Vermeiden von Störungen und Unterbrechungen während des Gesprächs
- Planung einer ausreichenden Gesprächsdauer (mindestens eine Stunde)
- bei schwierigen Gesprächen: Zeitpuffer einplanen

Inhaltliche Vorbereitung

Der Beurteilungsbogen (vgl. S. 100) dient auch als Fahrplan durch das Beurteilungsgespräch. Gehen Sie zusammen mit Ihrem Mitarbeiter die einzelnen Leistungsbereiche durch. Darüber hinaus ist es hilfreich, wenn Sie sich vor dem Gespräch einige Fragen zu dem Mitarbeiter stellen. Dabei hilft Ihnen die folgende Checkliste.

Checkliste: Inhaltliche Vorbereitung auf das Beurteilungsgespräch	
Wie sieht der Tätigkeitsbereich des Mitarbeiters aus?	
Welche Aufgaben und Kompetenzen sollen beurteilt werden?	
Wie schätzen Sie Ihren Mitarbeiter in den einzelnen Leistungsbereichen ein (Bewerten Sie den Mitarbeiter mithilfe des Beurteilungsbogens)?	
Worin sehen Sie die besonderen Stärken und Schwächen Ihres Mitarbeiters?	

 siehe CD-ROM

Mit welchen Beispielen und anhand welcher Beobachtungen lässt sich die Beurteilung begründen.	
Durch welche Maßnahmen lassen sich Schwächen ausgleichen?	
Welche Entwicklungsmöglichkeiten sehen Sie für den Mitarbeiter?	
Wie wird sich Ihr Mitarbeiter voraussichtlich im Beurteilungsgespräch verhalten?	
Wie bereiten Sie sich auf mögliche Reaktionen Ihres Mitarbeiters im Beurteilungsgespräch vor?	

Schritt 1: Die Beurteilungsgrundlagen festlegen

In einem ersten Schritt klären Sie die Grundlagen der Beurteilung. Halten Sie stichwortartig fest, welche Aufgaben der Mitarbeiter wahrnimmt. Hierzu können Sie z. B. die Stellenbeschreibung zu Hilfe nehmen. Möglicherweise haben Sie auch Unterlagen über die Aufgaben und Projekte des Mitarbeiters aus vergangenen Gesprächen, die Sie zurate ziehen können.

> **Tipp:**
>
> Notieren Sie sich kontinuierlich alle Beobachtungen über den Mitarbeiter, die für die Leistungsbeurteilung relevant sind. Dafür können Sie ein Buch anlegen, das Sie am besten immer bei sich führen. Auf diese Weise schaffen Sie eine breite Beurteilungsgrundlage. Die Kehrseite dieses Vorgehens ist jedoch, dass sich Ihr Mitarbeiter kontrolliert fühlen könnte und bei ihm der Eindruck entsteht, dass Sie kein Vertrauen in seine Arbeit haben.

Menschen verhalten sich in Beobachtungssituationen anders als sie es gewöhnlich tun. Innovative Videoanalyse-Verfahren, wie etwa das von Simone Kauffeld an der Universität Braunschweig entwickelte Programm *Act4Team*, nutzen diesen Aspekt, um Teamentwicklung effektiv sowie nachhaltig und messbar voranzutreiben.

> **Achtung:**
> Bei der Ermittlung der Beurteilungsgrundlagen sollten Sie sich aus-
> schließlich auf die geforderten Aufgaben des Mitarbeiters, einschließlich
> der Kompetenzen, die für die Ausführung dieser Aufgaben erforderlich
> sind, beschränken.

Schritt 2: Beurteilungskriterien entwickeln

Es gibt verschiedene Möglichkeiten, wie Sie geeignete Beurteilungskriterien festlegen: So können Sie Kernkompetenzen, die für Tätigkeit
des Mitarbeiters erforderlich sind, bestimmen. Für einen Mitarbeiter, der im Verkauf arbeitet, könnten die Kernkompetenzen lauten:
Verhandlungsgeschick, Kommunikationsstärke, Einfühlungsvermögen.
Eine weitere Möglichkeit besteht darin, konkrete Anforderungen zu *Festlegung von*
definieren: „Der Mitarbeiter erstellt quartalsweise Berichte über die *konkreten*
Entwicklung von Projekt X." Die Festlegung von konkreten Anfor- *Anforderungen*
derungen an die Position des Mitarbeiters ist sehr aufwendig, weil
diese für jeden Mitarbeiter (eines Teams oder einer Abteilung) individuell angepasst bzw. neu bestimmt werden müssen. Dafür – und
dies ist ein großer Vorteil – sind die so formulierten Anforderungen
deutlich aussagekräftiger als allgemeine Kompetenzen.

Ein für jeden Mitarbeiter individuell festgelegter Anforderungskata-
log birgt die Gefahr, dass bei einzelnen Mitarbeitern der Eindruck
entsteht, bei ihnen würde ein besonders strenger Maßstab angelegt.
Sie fühlen sich dann ungerecht bewertet, weil der Bewertungsmaß-
stab nicht für alle Mitarbeiter gleich ist.

Mit Blick auf ein gerechtes Beurteilungsverfahren, in dem alle Mitarbeiter nach den gleichen Kriterien beurteilt werden, sollte deshalb
auf die Festlegung von individuell angepassten Arbeitsanforderungen im Beurteilungsbogen verzichtet werden. Konkrete Arbeitsziele
und Arbeitsanforderungen gehören in eine individuelle Zielvereinbarung, nicht in den Beurteilungsbogen. Ergänzend können in den
Beurteilungsbogen weitere Kompetenzen aufgenommen werden, die
in dem jeweiligen Arbeitsbereich zusätzlich wichtig sind.

Schritt 3: Festlegung einer Bewertungsskala

In dem Bewertungsbogen (vgl. S. 100) wird im ersten Feld der Auf-
gabenbereich des Mitarbeiters stichwortartig aufgeführt (siehe

Schritt 1). Anschließend werden die für die Erledigung der Aufgaben erforderlichen Kompetenzen aufgelistet (Schritt 2). Nun legen Sie die Bewertungsstufen fest. Eine Bewertungsskala könnte z. B. so aufgebaut sein:[7]

Bewertungsstufe	Der Mitarbeiter ...
A	übertrifft die Anforderungen.
B	erfüllt die Anforderungen voll.
C	erfüllt die Anforderungen zum größten Teil.
D	erfüllt die Anforderungen in weiten Teilen nicht.

Tipp:

Aus psychologischen Gründen empfiehlt es sich, für die Bewertung der einzelnen Kompetenzen Buchstaben (z. B. von A bis D) und nicht Zahlen (z. B. von 1 bis 5) zu nehmen. Wenn Sie „Schulnoten" geben, besteht die Gefahr, dass sich Ihre Mitarbeiter auch wie Schüler behandelt fühlen.

Problem der Messbarkeit von Leistungen

In einigen Branchen lassen sich Leistungen leicht quantitativ messen, was eine objektive Beurteilung erleichtert (z. B. die Verkaufszahlen in der Automobilbranche). Im Bereich der Krankenpflege sind Leistungen wie Servicequalität und Kundenfreundlichkeit nur schwer quantifizierbar.

Schritt 4: Einschätzung des Mitarbeiterpotenzials

Zu einer professionellen Mitarbeiterbeurteilung gehört immer auch eine Potenzialeinschätzung, die sich auf die zukünftigen Entwicklungsmöglichkeiten des Mitarbeiters bezieht.

Aus psychologischer Sicht ist die Förderung der Entwicklungsmöglichkeiten des Mitarbeiters besonders wirkungsvoll. Denn sie steigert seine Motivation und Arbeitszufriedenheit. Auch die positive Auswirkung auf das Selbstwertgefühl des Mitarbeiters ist erheblich.

Im Gegensatz zu der Leistungsbeurteilung des Mitarbeiters steht bei der Potenzialeinschätzung die Person des Mitarbeiters als Ganze im Fokus. Sie signalisiert dem Mitarbeiter, dass das Unternehmen auf

---

[7] Die Bewertungsskala sowie der Beurteilungsbogen ist dem Buch „Mitarbeiterbeurteilung und Zielvereinbarung" von Christian Stöwe und Anja Beenen (München 2009) entnommen.

die Leistungen des Mitarbeiters angewiesen ist, er geschätzt und gefördert wird. Der psychologische Nutzen dieser Botschaft kann nicht unterschätzt werden.

Die Mitarbeiter auf die Beurteilung vorbereiten

Bevorstehende Beurteilungsgespräche lösen bei Mitarbeitern häufig Unsicherheit und Angst aus. Möglicherweise werden bei manchen Mitarbeitern sogar alte „Schulängste" wach. Ihre Mitarbeiter fragen sich: Welche Konsequenzen hat die Beurteilung? Wer wird die Beurteilung zu sehen bekommen? usw.

Ängsten vorbeugen

Wenn Sie Ihre Mitarbeiter auf das Beurteilungsgespräch vorbereiten, sollten Sie diese unerwünschten psychologischen Nebenwirkungen berücksichtigen, indem Sie

* Ihre Mitarbeiter von der Notwendigkeit und dem Nutzen der Beurteilung für beide Seiten überzeugen,
* den Nutzen der Beurteilung für die Mitarbeiter betonen,
* den Ablauf des Beurteilungsprozesses transparent darstellen,
* konkrete Fragen zum Beurteilungsprozess beantworten,
* Ihre Mitarbeiter auffordern, Fragen zu stellen und Befürchtungen offen anzusprechen,

> **Tipp:**
> Wenn Sie die Mitarbeiterbeurteilung zum ersten Mal durchführen, empfiehlt es sich, alle Fragen zum Beurteilungsprozess in einem Teammeeting zu klären.

Selbsteinschätzung des Mitarbeiters

Es empfiehlt sich, dem Mitarbeiter ein bis zwei Wochen vor dem Beurteilungsgespräch einen Beurteilungsbogen (vgl. S. 100) auszuhändigen und ihn um eine Selbsteinschätzung zu bitten. Anhand einer Skala von A bis D kann der Mitarbeiter seine eigenen Leistungen beurteilen. Die Führungskraft beurteilt die Leistungen des Mitarbeiters auf dieselbe Weise vor dem Mitarbeitergespräch. Wenn man nun die beiden Beurteilungsbögen nebeneinanderlegt, sehen beide Gesprächsteilnehmer, wo die Einschätzung voneinander abweicht. Im Beurteilungsgespräch sollten vor allem diese möglicherweise kritischen Punkte aufgegriffen und geklärt werden.

Muster: Beurteilungsbogen

siehe CD-ROM

Datum: Beurteilungszeitraum:

Angaben zur Person des Mitarbeiters:

Name:

Funktion: In dieser Funktion seit:

I. Aufgaben des Mitarbeiters

II. Beurteilung des Leistungsverhaltens

Bewertungsstufen:

D: erfüllt die Anforderungen in weiten Teilen nicht

C: erfüllt die Anforderungen zum größten Teil

B: erfüllt die Anforderungen voll

A: übertrifft die Anforderungen

Engagement	D	C	B	A
Eigeninitiative				
Ergebnis-/Zielorientierung				
Sonstige:				

Unternehmerisches Handeln	D	C	B	A
Strategische Perspektive				
Kosten-/Nutzenorientierung				
Gesamtunternehmerisches Denken				
Sonstige:				

Veränderungsmanagement	D	C	B	A
Suche nach Verbesserungsmöglichkeiten				
Flexibilität im Umgang mit Veränderungen				
Sonstige:				

Zwischenmenschliche Kompetenzen	D	C	B	A
Überzeugungskraft				
Sensibilität für Menschen und Situationen				
Diversity Management/interkulturelle Kompetenz				
Sonstige:				

Konstruktive Zusammenarbeit	D	C	B	A
Kooperation				
Networking				
Förderung des Informationsflusses				
Sonstige:				

Entscheidungsverhalten	D	C	B	A
Fachkompetenz				
Unternehmerische Risikobereitschaft				
Verantwortungsvolles Handeln				
Sonstige:				

Mitarbeiterführung (nur für Mitarbeiter mit Führungsverantwortung)	D	C	B	A
Delegation und Steuerung				
Mitarbeiter-/Talententwicklung				
Motivation/Inspirationskraft				
Teambuilding und Konfliktlösung				
Sonstige:				

siehe CD-ROM

Leitfaden: Beurteilungsgespräch	
Schritt 1: Positiver Gesprächseinstieg	
Erläutern Sie den Gesprächsanlass und das Gesprächsziel und geben Sie einen kurzen Überblick über den Ablauf und die Vorgehensweise.	
Schritt 2: Situation aus der Sicht des Mitarbeiters	
Geben Sie dem Mitarbeiter Gelegenheit, auf der Basis seiner eigenen Gesprächsvorbereitung darzustellen, wie er sich selbst einschätzt (z. B. in Bezug auf Leistung, die allgemeine Arbeitssituation, Zusammenarbeit).	
• Was ist gut gelaufen und warum?	
• Was ist nicht so gut gelaufen und warum nicht?	
• Was hat Spaß gemacht und was hat Frust erzeugt?	
• Welche Ziele hat der Mitarbeiter für das nächste Jahr?	
Unterbrechen Sie den Mitarbeiter nur, wenn Sie etwas nicht verstanden haben und deshalb nachfragen.	
Schritt 3: Situation aus Sicht des Vorgesetzten	
Legen Sie nun Ihre eigene Sichtweise dar. Gehen Sie dabei auf die Ausführungen des Mitarbeiters ein, indem Sie:	
• seine Ausführungen bestätigen, korrigieren und/oder ergänzen sowie	
• Gemeinsamkeiten und Abweichungen aufzeigen und begründen.	
Vermeiden Sie, mit einer Gesamtbeurteilung der Leistungen zu beginnen, oder den Beurteilungsbogen Punkt für Punkt durchzugehen.	
Bauen Sie Ihre Argumentation auf den grundlegenden Verhaltensweisen des Mitarbeiters und deren Auswirkungen auf die einzelnen Aufgabenbereiche auf.	

Schritt 4: Gelegenheit für Gefühle	
Geben Sie dem Mitarbeiter Gelegenheit, seinen Gefühlen (Wut, Enttäuschung, Frust, etc.) Luft zu machen.	
Akzeptieren Sie, dass es in diesem Moment nicht um Sachlichkeit, sondern um Emotionalität geht.	
Versuchen Sie, die Gefühle und die darin verborgenen Motive und Bedürfnisse des Mitarbeiters zu erkennen.	
Schritt 5: Zurück zur Sachlichkeit	
Arbeiten Sie gemeinsam übereinstimmende und abweichende Meinungen heraus.	
Klären Sie dabei Ursachen für Stärken und Schwächen.	
Erarbeiten Sie gemeinsam Lösungsmöglichkeiten. Dadurch machen Sie den Mitarbeiter für diese mitverantwortlich.	
Verzichten Sie auf Monologe.	
Schritt 6: Beenden Sie das Gespräch mit einem Ergebnis	
Halten Sie Gesprächsergebnis schriftlich fest, • welche Erwartungen Sie zukünftig an die Leistungen und das Verhalten des Mitarbeiters haben, • welche Hilfestellungen Sie dem Mitarbeiter geben werden, • wie und mit welchen Maßstäben Sie zukünftig kontrollieren werden.	
Wenn Sie keine Einigung erzielen konnten ...	
Wenn keine Einigung mit dem Mitarbeiter erzielt werden kann, sollte noch stärker darauf geachtet werden, dass die gegenseitigen Positionen klar und transparent herausgearbeitet werden, damit beide Gesprächspartner die Meinung des anderen zumindest nachvollziehen, wenn schon nicht akzeptieren können. Die eigentliche Beurteilung wird dann gemäß der Sichtweise des Vorgesetzten ausfallen. Dem Mitarbeiter sollte Gelegenheit zu einer Gegendarstellung gegeben werden.	

5.3   So vermitteln Sie negative Beurteilungen

Negative Kritik und schlechte Beurteilungen bedrohen das Selbstwertgefühl Ihres Mitarbeiters. Wenn Sie dabei unsensibel vorgehen – etwa weil Sie sich über Ihren Mitarbeiter ärgern – stoßen Sie ihn vor den Kopf, verletzen und demotivieren ihn. Damit ist keiner Seite gedient. Andererseits ist es ebenso kontraproduktiv, wenn Sie Ihre Beurteilung schönfärben oder verwässern, aus Angst, den Mitarbeiter einzuschüchtern.

> **Tipp: Geben Sie Ihrem Mitarbeiter frühzeitig Feedback**
>
> Geben Sie Ihrem Mitarbeiter möglichst frühzeitig Rückmeldung zu seinen Leistungen und besprechen Sie mit ihm positive ebenso wie negative Entwicklungen. Fehlentwicklungen müssen früh korrigiert werden, da sich die Fehler sonst fortpflanzen und die Kosten in die Höhe treiben.

Im Folgenden finden Sie Empfehlungen, wie Sie negative Kritik konstruktiv vorbringen und für Ihren Mitarbeiter annehmbar machen.

1. Geben Sie immer auch positives Feedback

Wenn Sie im Zuge Ihrer Gesprächsvorbereitung festgestellt haben, dass Sie auch kritische Punkte ansprechen müssen, sollten Sie sich bewusst einzelne Aspekte in den Leistungen oder dem Verhalten des Mitarbeiters heraussuchen, zu denen Sie ein positives Feedback geben können. Vor allem, wenn Sie Leistungsschwächen ansprechen müssen, sollten Sie dem positiven Feedback zuvor viel Raum geben.

2. Achten Sie auf eine sorgfältige Begründung der Beurteilung

Dieser Aspekt wurde zuvor schon vielfach angesprochen: Negative Beurteilungen werden für den Beurteilten annehmbar, wenn Sie gut und nachvollziehbar begründet sind. Legen Sie sich also Beispiele und Beobachtungen zurecht, die Ihre Beurteilung veranschaulichen und belegen.

3. Beurteilen Sie nicht die Person des Mitarbeiters

Konzentrieren Sie Ihre negative Beurteilung auf konkrete Leistungs- oder Verhaltensaspekte Ihres Mitarbeiters. Es geht nicht darum, die „Wahrheit" über den Mitarbeiter zu sagen, sondern darum, ihn darauf hinzuweisen, dass bestimmte Anforderungen nicht oder unzureichend erfüllt worden sind. Vermeiden Sie deswegen pauschale Unterstellungen, die sich gegen die Person des Mitarbeiters richten („Sie sind nicht motiviert!", „Sie arbeiten immer so schlampig!", „Sie sind faul!") und beschreiben Sie stattdessen Ihre konkreten Beobachtungen („Bei der letzten Teambesprechung haben Sie geäußert, dass Sie an der Projektarbeit das Interesse verloren haben …").

4. Betonen Sie, was sich verbessern lässt

Verbinden Sie die kritischen Punkte Ihrer Beurteilung immer mit konstruktiven Handlungsvorschlägen. Zeigen Sie Wege auf, wie sich Leistungsdefizite verbessern lassen. Der Zweck einer kritischen Beurteilung liegt darin, Entwicklungsfelder zu erkennen. Der Mitarbeiter soll mit negativer Kritik nicht „abgestraft" werden.

Wenn Ihr Mitarbeiter die Beurteilung nicht akzeptiert

In einem Beurteilungsgespräch sollten Sie auf den Fall vorbereitet sein, dass Ihr Mitarbeiter seine Leistungen anders einschätzt als Sie. Wenn Ihr Mitarbeiter sich in einzelnen Bereichen schlechter einschätzt als Sie es tun, ist dies für das Beurteilungsgespräch unproblematisch. Möglicherweise hat ihr Mitarbeiter generell wenig Zutrauen zu seinen Leistungen. Dann wird Ihre gute Bewertung sein Selbstvertrauen stärken und ihn motivieren.

Wenn Ihr Mitarbeiter seine Leistungen aber viel besser einschätzt als Sie, entsteht ein Konflikt, dem Sie sich in dem Beurteilungsgespräch stellen sollten.

Auf die Begründung kommt es an

Zunächst kommt es darauf an, dass Sie Ihre Bewertung nachvollziehbar anhand von konkreten Beispielen und Beobachtungen begründen. Nur so kann es gelingen, dass bei dem Mitarbeiter ein Lernprozess in Gang gesetzt wird. Bitten Sie nun Ihren Mitarbeiter um eine Selbsteinschätzung in dem strittigen Leistungsbereich. Fragen Sie ihn nach den Gründen für seine (abweichende) Leistungsbeurteilung. Nehmen Sie die Selbsteinschätzung Ihres Mitarbeiters sehr ernst und seien Sie auch offen für eine Korrektur Ihrer Beurtei-

Beurteilung auf der Basis von Beobachtungen

lung in einzelnen Punkten, wenn die Ausführungen Ihres Mitarbeiters überzeugend sind.

> **Tipp:**
>
> Wenn in einzelnen Bereichen keine übereinstimmende Leistungsbeurteilung erzielt werden kann, können Sie Ihrem Mitarbeiter anbieten, seine abweichende Einschätzung ebenfalls in dem Beurteilungsbogen zu notieren. Auf diese Weise kommt auch die Perspektive des Mitarbeiters zu ihrem Recht, ohne dass die Beurteilung der Führungskraft aus falsch verstandener Rücksichtnahme geändert werden muss.

Natürlich gibt es immer auch schwierige Mitarbeiter, denen auch mit den Mitteln der hier vorgestellten konstruktiven Gesprächsführung nicht beizukommen ist. Dann können sich Beurteilungsgespräche zu handfesten Konfliktsituationen entwickeln, die besondere Ansprüche an eine (psychologisch geschulte) Mitarbeiterführung stellen. Dazu finden Sie in Kapitel 8 „Schwierige Mitarbeitergespräche führen" sowie in Kapitel 10 „Konflikte im Team lösen" weitere hilfreiche Informationen.

> **Literaturtipp:**
>
> Der Ratgeber „Mitarbeiterbeurteilung und Zielvereinbarung" (München 2009) von Christian Stöwe und Anja Beenen bietet eine praxisnahe und sehr differenzierte Beschreibung der Führungsinstrumente Mitarbeiterbeurteilung und Zielvereinbarung. Er eignet sich hervorragend zur Vertiefung des Themas „Mitarbeiterbeurteilung".

6 Arbeitsmotivation der Mitarbeiter steigern

Anspruchsvolle und schwierige Aufgaben lassen sich oft nur bewältigen, wenn die Mitarbeiter große Eigenmotivation mitbringen. **Als Führungskraft ist es Ihre Aufgabe, eine positive Atmosphäre zu schaffen und klare Ziele zu setzen, um die Arbeitsmotivation der Mitarbeiter zu steigern.**
Im Arbeitsalltag, bei der Erledigung von Routineaufgaben, wirkt sich mangelnde Motivation immer negativ auf die Leistungen der Mitarbeiter aus. Deswegen müssen Sie Motivationsdefizite frühzeitig erkennen und geeignete Gegenmaßnahmen ergreifen.

Sie erfahren in diesem Kapitel, wie Sie

- Erkenntnisse aus der Motivationsforschung für die Mitarbeiterführung nutzen können (Kapitel 6.1),
- Motivationsschwierigkeiten bei Ihren Mitarbeitern frühzeitig erkennen (Kapitel 6.2),
- die Motivationsstruktur des Mitarbeiters besser verstehen (Kapitel 6.3) und
- das Führungsinstrument *Empowerment* erfolgreich einsetzen (Kapitel 6.4).

Zum Thema Arbeitsmotivation finden Sie in diesem Kapitel und auf der CD-ROM praktische Arbeitshilfen: Mithilfe der Checkliste auf Seite 113 können Sie herausfinden, ob ein Motivationsproblem vorliegt. Auf Seite 118 zeigt Ihnen ein *Aktionsplan*, wie Sie vorgehen, um die Motivation Ihrer Mitarbeiter wirksam zu steigern.

siehe CD-ROM

6.1　Psychologische Grundlagen der Arbeitsmotivation

Definition　Der Begriff „Motivation" enthält den lateinischen Ausdruck *motus* (= Bewegung). Unter Arbeitsmotivation wird die Gesamtheit der Motive und Beweggründe verstanden, die einen Mitarbeiter dazu bewegen, Leistung zu erbringen. Die Arbeitspsychologie unterscheidet verschiedene Aspekte der Motivation:

- Auslöser der Motivation (extrinsische und intrinsische Beweggründe)
- Intensität der Motivation
- Dauer der Motivation

> „Motive sind Beweggründe und Antriebskräfte des menschlichen Handelns! Sie sind der innere Motor, der die Menschen dazu antreibt, Leistung zu erbringen und angestrebte Ziele zu erreichen."[8]
> Die Gesamtheit dieser Gründe und Ziele, die einer Handlung zugrunde liegen bzw. in ihr wirksam sind, wird in der Psychologie als Motivation bezeichnet.

Was motiviert die Mitarbeiter?

Es gibt viele Dinge, die einen Mitarbeiter motivieren können. Ein wichtiger Motivator ist ohne Zweifel ein gerechtes Gehalt für die erbrachte Leistung. Es gibt jedoch viele weitere Faktoren, die uns für unsere Arbeit motivieren:

- angenehme soziale Beziehungen am Arbeitsplatz, Gemeinschaft
- Sozialleistungen
- interessante Produkte bzw. ein interessantes Aufgabenfeld
- Sicherheit des Arbeitsplatzes

Neben diesen grundsätzlichen Bedürfnissen gibt es noch eine Vielzahl von weiteren Aspekten, die dazu beitragen, dass wir motiviert arbeiten:

- Wertschätzung durch die Vorgesetzten und Mitarbeiter

---

[8]　Boris von der Linde, Anke von der Heyde, *Psychologie für Führungskräfte*, München 2003, S. 106.

- Vereinbarkeit von Beruf und Familie
- Verlässlichkeit der Vorgesetzten, klare Aufgabenstellungen
- Entwicklungsmöglichkeit innerhalb des Unternehmens

Neben diesen allgemeinen Faktoren spielen immer auch ganz individuelle Motive eine Rolle.

Motivatoren und Hygienefaktoren

Der Psychologe Frederick W. Herzberg hat angesichts der Vielzahl und Unterschiedlichkeit der Bedürfnisse und Motive die grundsätzliche Unterscheidung zwischen Motivatoren und Hygienefaktoren eingeführt.

Unter Hygienefaktoren werden Grundbedürfnisse verstanden, die wir am Arbeitsplatz erwarten. Sie sorgen für Stabilität. Zu den Hygienefaktoren gehören nach Herzberg z. B. leistungsgerechte Vergütung, angemessene Arbeitsplatzgestaltung, klare Aufgabenstellungen u. v. m. Wenn diese Grundbedürfnisse nicht oder nur unzureichend erfüllt sind, reagiert der Mitarbeiter mit Arbeitsunzufriedenheit und Demotivation. *(Hygiene-faktoren)*

Was Mitarbeiter tatsächlich zu engagierter Arbeit motiviert, sind die so genannten Motivatoren. Dazu gehören Faktoren wie Wertschätzung, Lob, anspruchsvolle Aufgaben, Übernahme von Verantwortung, Karrierechancen u. v. m. *(Motivatoren)*

Diese Unterscheidung ist für die Mitarbeiterführung zentral. Denn sie zeigt, dass die Hygienefaktoren als grundlegende Arbeitsvoraussetzungen dafür verantwortlich sind, Unzufriedenheit zu vermeiden. Wenn die Grundbedürfnisse am Arbeitsplatz (Hygienefaktoren) nicht erfüllt sind, führt dies immer zu Unzufriedenheit. Sie sind aber nicht geeignet, den Mitarbeiter (nachhaltig) zu motivieren. Motivatoren *schaffen* Zufriedenheit und Motivation. Wenn sie fehlen, muss der Mitarbeiter nicht zwangsläufig unzufrieden sein.

Die persönliche Motivationsstruktur

Motivierte und leistungsfähige Mitarbeiter sind die Voraussetzung für ein erfolgreiches Unternehmen. Doch was motiviert den individuellen Mitarbeiter, sich mit ganzer Kraft für ihr Unternehmen einzusetzen? Um diese Frage zu beantworten, müsste man die Wünsche und Ziele jedes einzelnen Mitarbeiters kennen. Und diese können sehr unterschiedlich sein: Während für den einen Mitarbeiter die Selbstverwirklichung durch seine Tätigkeit im Vordergrund steht, geht es dem anderen um materielle Aspekte, z. B. die Prämie für Projekterfolge.

Extrinsische und intrinsische Motivation

Wenn man Mitarbeiter längerfristig und nachhaltig motivieren will, führen äußere Anreizsysteme, insbesondere finanzielle Anreize, selten zum Erfolg. In diesem Zusammenhang ist die Unterscheidung zwischen intrinsischer und extrinsischer Motivation wichtig.

intrinsische Anreize

Intrinsische Motivation (Eigenmotivation) bezeichnet die Fähigkeit, sich aus sich heraus zu motivieren. Sie entsteht dadurch, dass der Mitarbeiter einen Sinn in seinem Tun sieht. Der österreichische Psychologe Viktor Frankl betont in seinem Werk die zentrale Bedeutung des Sinns für die Motivation des Mitarbeiters. Er schreibt „Ein Sinn muss gefunden werden und kann nicht erzeugt werden". Für die Führungskraft bedeutet dies: Sie kann die Eigenmotivation des Mitarbeiters nicht erzeugen. Stattdessen sollte sie versuchen, die Eigenmotivation des Mitarbeiters zu nutzen.

extrinsische Anreize

Extrinsische Anreize werden alle Vergütungsformen und Anreizstrukturen genannt, die von außen kommen. Geld steht hierbei im Mittelpunkt und gilt als größter externer Anreiz. Jedoch spielen auch Faktoren wie gesellschaftliche Macht oder Ansehen als externe Anreize eine nicht zu unterschätzende Rolle.

Weitere Faktoren, die als externe Anreize wirken können, sind z. B. Entscheidungsbefugnisse, die von der eigenen Lösungsfindung in einem Teilprojekt bis zur Prokura reichen können. Eine gute Arbeitsatmosphäre und ein angenehmes Arbeitsumfeld gehören ebenso zu den extrinsischen Motivatoren.

Die Eigenmotivation der Mitarbeiter nutzen

Eigenmotivation

Jeder Mensch besitzt eine bestimmte Eigenmotivation (intrinsische Motivation). Darunter versteht man die Fähigkeit, den „inneren Drang", sich mit Hingabe bestimmten Aufgaben zu widmen. Wie das folgende Beispiel zeigt, ist in der Regel bei jedem Mitarbeiter Eigenmotivation vorhanden. Sie kann jedoch fehlgeleitet sein, wenn die Aufgabe nicht zu der Motivationsstruktur des Mitarbeiters passt.

Beispiel:

Eine Mitarbeiterin gestaltet ihre Präsentationen immer sehr kreativ und liebevoll. Dabei legt sie allerdings mehr Wert auf die äußere Gestaltung als auf sachliche Inhalte.

Typen der Motivation

Die Motive bzw. Antriebe der Menschen sind individuell sehr verschieden. Für die Aufgaben der Mitarbeiterführung ist es deswegen hilfreich, verschiedene Motivationstypen zu unterscheiden. Darunter sind Grundorientierungen der Mitarbeiter zu verstehen, die es Ihnen erleichtern, die Eigenmotivation Ihrer Mitarbeiter zu nutzen.

Grundorientierungen

- **Beziehungsorientierung**
  Der Mitarbeiter legt besonderen Wert auf Anerkennung und Wertschätzung durch die Vorgesetzten und Kollegen. Die Zugehörigkeit zu einem bestimmten Team steht im Vordergrund.
- **Erfolgsorientierung**
  Der Mitarbeiter wird durch erfolgreiche Arbeitsergebnisse motiviert. Ebenso sind ihm persönliche Karrierechancen wichtig.
- **Machtorientierung**
  Der Mitarbeiter möchte Einfluss und Macht im Team haben. Er lässt sich durch die Übernahme von verantwortungsvollen Aufgaben und gezielte Entwicklungsmaßnahmen motivieren.
- **Selbstverwirklichung**
  Der Mitarbeiter möchte anspruchsvolle und sinnvolle Aufgaben bearbeiten. Er möchte „in der Sache aufgehen".
- **Sicherheitsorientierung**
  Dem Mitarbeiter ist ein sicherer Arbeitsplatz und eine starke Vertrauensbeziehung zum Vorgesetzten wichtig.

Diese Liste der Motivationstypen bzw. Grundorientierungen ist nicht abschließend. Überlegen Sie, aus welchen Motivationstypen sich Ihr Team zusammensetzt und mit welchen Maßnahmen Sie die Eigenmotivation Ihrer Mitarbeiter nutzen können.

6.2 Wie erkennen Sie Motivationsdefizite?

Die Aufgabe eines Vorgesetzten kann es nicht sein, den Mitarbeiter dauerhaft zu motivieren. Denn dies würde die Führungskraft überfordern. Führungskompetenz zeigt sich darin, dass der Vorgesetzte Motivationsschwierigkeiten seiner Mitarbeiter erkennt und weiß, wie dieser Zustand zu verändern ist.

Es gibt zahlreiche Verhaltensweisen des Mitarbeiters, die darauf hinweisen, dass er nicht ausreichend oder nicht passend motiviert ist. Wichtig ist eine neutrale, objektive Analyse der Gründe für die Demotivation eines Mitarbeiters.

Gründe einer Demotivation beim Mitarbeiter

* nicht leistungsgerechte Vergütung
* Schwierigkeiten in der Beziehung zu Kollegen und Vorgesetzten
* Mitarbeiter fühlt sich überfordert
* Mitarbeiter fühlt sich durch zu viele Routine unterfordert
* Führungsfehler (z. B. unklare Aufgabenstellungen)

Wenn die Gründe für die Arbeitsunzufriedenheit oder Demotivation auf der Ebene der Hygienefaktoren liegen (vgl. S. 109), also die Grundanforderungen an den Arbeitsplatz betreffen, ist es Ihre Aufgabe als Führungskraft, geeignete Maßnahmen einzuleiten, um die Arbeitsbedingungen zu verbessern.

Mitarbeiter-
gespräch

Möglicherweise sind Sie aber auch enttäuscht von Ihrem Mitarbeiter, weil die mangelnde Motivation zu schlechten Arbeitsergebnissen geführt hat. Versuchen Sie Ihre Emotionen beiseitezuschieben und führen Sie mit Ihrem Mitarbeiter ein sachliches Gespräch, um ihn einerseits nach den Gründen für die mangelnde Motivation zu fragen und ihn andererseits aber auch auf die Folgen der Motivationsdefizite für die Arbeitsleistung hinzuweisen.

> **Tipp:**
>
> Führungskräfte vergessen häufig, dass die Gründe für die mangelnde Motivation ihrer Mitarbeiter auch mit ihrer eigenen Führungsarbeit zu tun haben können. Unklare Aufgabenstellungen, schlecht organisierte Arbeitsabläufe betreffen den Verantwortungsbereich der Führungskraft. Nehmen Sie sich deshalb Zeit, um zu prüfen, welchen Anteil Ihre Führungsarbeit an den Motivationsschwierigkeiten haben könnte.

Mit der folgenden Checkliste können Sie feststellen, ob die Leistungen Ihres Mitarbeiters aufgrund mangelnder Motivation beeinträchtigt sind:

Checkliste: Hinweise auf mangelnde Arbeitsmotivation	
Der Mitarbeiter wirkt insgesamt teilnahmslos und lustlos.	
Der Mitarbeiter widmet sich manchen Aufgaben mit viel Hingabe, anderen dagegen gar nicht.	
Der Mitarbeiter „erfindet" zahlreiche Ausreden, um eine bestimmte Aufgabe nicht wahrnehmen zu müssen.	
Der Mitarbeiter erklärt, warum er für diese Aufgabe nicht geeignet ist. Dabei verwendet er Aussagen, wie z. B.: „Dafür bin ich überqualifiziert." oder „Das ist doch eine Aufgabe für einen Sachbearbeiter, nicht für jemanden mit meiner Ausbildung" oder „Was denken denn die anderen, wenn ich das mache?"	
Der Mitarbeiter sucht immer wieder die Gelegenheit, Anerkennung durch den Vorgesetzten oder andere zu bekommen und reagiert frustriert, wenn er diese nicht erhält.	
Der Mitarbeiter bietet sich aktiv für die Übernahme anderer Aufgaben, die er als spannend und interessant darstellt, an.	
Bestimmte Aufgaben hat Mitarbeiter bisher nie engagiert bearbeitet.	
Der Mitarbeiter blüht auf, wenn er vom Vorgesetzten gelobt wird.	

siehe CD-ROM

6.3   So analysieren Sie die Motivations-struktur Ihrer Mitarbeiter

Diagnose von Motivationsproblemen

Wie finden Sie heraus, was Ihre Mitarbeiter motiviert? Hier gibt es viele Möglichkeiten. So können Sie z. B. in Mitarbeitergesprächen und durch Beobachtungen und Mitarbeiterbefragungen viel über die Vorlieben und Bedürfnisse Ihrer Mitarbeiter herausfinden.

Es besteht ein Zusammenhang zwischen der persönlichen Motivationsstruktur, der Eigenmotivation des Mitarbeiters und seine Bereitschaft, bestimmte Aufgaben zu erledigen. Wenn der Mitarbeiter ständig Aufgaben erledigen muss, die ihm nicht liegen, wird ihn dies verständlicherweise demotivieren. Für die Arbeit der Führungskraft folgt daraus, dass Sie die Motivationsstruktur Ihrer Mitarbeiter kennen sollten, damit Sie die vorhandene Eigenmotivation für die Bewältigung von bestimmten Aufgaben nutzen können.

Beispiel:

Herr Mai arbeitet erst seit einem Jahr in Ihrem Unternehmen. Sein Gehalt ist deswegen noch gering im Vergleich zu seinen Mitarbeitern. In einem Mitarbeitergespräch äußert er, dass Nachwuchs unterwegs ist und der Umzug in eine größere Wohnung ansteht. Deswegen strebt er ein höheres Gehalt an. Die Möglichkeit, eine zeitaufwendige Projektleitung zu übernehmen, scheint ihm dagegen nicht sehr verlockend.

Dieses Wissen ermöglicht es Ihnen, Anreize für den Mitarbeiter zu schaffen, die individuell auf ihn abgestimmt und deswegen besonders wirkungsvoll sind. Für die Ermittlung der spezifischen Motivlage Ihres Mitarbeiters helfen Ihnen Mitarbeitergespräche. Fragen Sie Ihren Mitarbeiter konkret, wie für ihn eine optimale Arbeitssituation aussieht etc.

Tipp:

Versuchen Sie, die Anreize für Ihren Mitarbeiter möglichst konkret auf seine Wünsche abzustimmen. Dies setzt die genaue Ermittlung der Motivlage des Mitarbeiters voraus.

Empfehlungen für die betriebliche Praxis

Was bedeuten diese psychologischen Einsichten für die Führungspraxis?

1. Orientieren Sie Ihre Motivationsangebote an die konkreten Wünsche bzw. Bedürfnisse Ihres Mitarbeiters. Nicht alle Anreize eignen sich gleichermaßen für jeden Mitarbeiter.

2. Wenn es darum geht, die Zufriedenheit der Mitarbeiter zu steigern und sie gezielt zu motivieren, sollten Sie ihnen authentische Wertschätzung und Anerkennung für Ihre Arbeit entgegenbringen. Auch Lob sollte konkret und glaubwürdig ausgesprochen und ggf. begründet werden.

3. Normalerweise sind Menschen besonders motiviert, wenn Sie ihre Tätigkeit mit persönlichem Interesse verbinden, also in ihrer Tätigkeit aufgehen. Dies ist häufig der Fall, wenn sie die Möglichkeit haben, ihre Arbeit selbstständig und eigenverantwortlich auszuführen. Als Führungskraft steht Ihnen hier das Führungsinstrument „Empowerment" zur Verfügung (vgl. dazu S. 116).

4. Nicht immer können die Aufgaben im Unternehmen so an die Mitarbeiter verteilt werden, dass sie für alle attraktiv sind. Manchmal ist es unumgänglich, einen Mitarbeiter für Aufgaben zu gewinnen, die für ihn wenig attraktiv sind. In einem solchen Fall bietet es sich an, dem Mitarbeiter einen „Deal" anzubieten. Wenn der Mitarbeiter bereit ist, eine bestimmte unattraktive Aufgabe zu übernehmen, können Sie ihm im Gegenzug eine Aufgabe anbieten, die seinen Bedürfnissen sehr entspricht.

Wenn Sie als Führungskraft Ihre Mitarbeiter motivieren wollen, müssen Sie die Motivationsstruktur Ihrer Mitarbeiter gut kennen. In dem nächsten Abschnitt lernen Sie eine konkrete Strategie kennen, um auf die Motivation Ihrer Mitarbeiter positiv einzuwirken.

6.4 Das Führungsinstrument Empowerment

Als Führungskraft haben Sie verschiedene Möglichkeiten, auf die Motivation Ihrer Mitarbeiter positiv einzuwirken. Bei allen Maßnahmen zur Steigerung der Motivation Ihres Mitarbeiters sollten Sie darauf achten, dass der Anreiz an der individuellen Bedürfnisstruktur des Mitarbeiters ansetzt.

Werkstolz

Im Berufsleben ist das Phänomen des Stolzes über eine erreichte Leistung ein wichtiger Motivator. Es gibt wohl kein schöneres Gefühl als zu Recht empfundener Stolz über die eigenen Arbeitsergebnisse. Als Führungskraft können Sie diese Erfahrung Ihren Mitarbeitern ermöglichen und auch Ihr Team wird an dieser Erfahrung positiv wachsen.

Die Aufgabe einer Führungskraft ist es, seine Mitarbeiter in die Lage zu versetzen, erfolgreich für das Unternehmen zu agieren. Dazu braucht der Mitarbeiter Handlungsspielraum und Verantwortung. Das Führungsinstrument „Empowerment" (wörtlich „Ermächtigung") setzt genau dort an: Indem Sie Ihrem Mitarbeiter anspruchsvolle Aufgaben übertragen, die er eigenverantwortlich ausführen muss, erweitern Sie seinen Handlungsspielraum. So fördern Sie die Arbeitsmotivation Ihres Mitarbeiters auch längerfristig.

Delegation

Eine vergleichbare Funktion wie das Empowerment hat das Führungsinstrument Delegation. Bei der Delegation von Aufgaben steht jedoch die Arbeitsentlastung desjenigen im Vordergrund, der Aufgaben an andere Mitarbeiter überträgt. Dagegen hebt der Begriff Empowerment den Aspekt der Übertragung von Stärke („power") und Energie auf den Mitarbeiter hervor.

> **Achtung:**
> Empowerment („Ermächtigung") zielt auf eine Stärkung der Fähigkeiten des Mitarbeiters und seiner Motivation. Denn wenn der Mitarbeiter mehr Selbstbestimmung und Verantwortung für die Bewältigung seiner Aufgaben erhält, kann er seine Potenziale besser ausnutzen und ausweiten. Dies wirkt sich positiv auf seine Arbeitszufriedenheit und Motivation aus.

Wenn die Mitarbeiter eigenverantwortlich im Arbeitsprozess eingebunden sind, werden sie sich einsetzen und mit aller Kraft ein bestmögliches Ergebnis erzielen. Wenn der Mitarbeiter Gewinn nicht in der Tätigkeit selbst findet, dann unter Umständen darin, so schnell wie möglich die geforderte Leistung zu erbringen, um seine so gewonnene Freizeit mit anderen Tätigkeiten ausfüllen zu können.

Vermeiden Sie eine Überforderung Ihres Mitarbeiters

Die Gefahr des Führungsinstruments Empowerment ist allerdings, dass der Mitarbeiter durch den erweiterten Verantwortungsbereich überfordert wird.

> **Achtung:**
> Beim Einsatz des Führungsinstruments „Empowerment", sollten Sie sich vergewissern, dass Ihr Mitarbeiter mit der übertragenen Aufgabe nicht überfordert wird. Wenn Sie Zweifel haben, ob Ihr Mitarbeiter der Aufgabe gewachsen ist, bieten Sie ihm bereits im Vorfeld Hilfe an bzw. ermutigen Sie ihn, sich gegebenenfalls an Sie zu wenden.

Aktionsplan: So steigern Sie die Arbeitsmotivation Ihrer Mitarbeiter

Die Diagnose von Motivationsproblemen zielt darauf, Motivationsprobleme der Mitarbeiter im Ansatz zu erkennen, bevor sie die Arbeitsleistung beeinträchtigen. Bereits entstandene Motivationsdefizite müssen so gründlich analysiert werden, bis eine Ursache erkennbar wird, an der die Maßnahmen ansetzen können. Vorgesetzte beziehen sich selbst zu wenig in die Diagnose von Motivationsproblemen ein. Dabei können sie selbst die Ursache für mangelnde Motivation oder Übermotivation sein.

Der Aktionsplan auf den folgenden Seiten zeigt Ihnen, wie Sie vorgehen, um die Motivation Ihrer Mitarbeiter wirksam zu steigern.

siehe CD-ROM

Aktionsplan: So steigern Sie die Motivation Ihrer Mitarbeiter	
Schritt 1: Analyse der momentanen Situation	
Wie ist zurzeit das allgemeine Arbeitsklima in der Abteilung?	
Wie schätzt der Mitarbeiter momentan seine eigene Motivation ein?	
Gibt es Probleme? Wenn ja, welche?	
Welche Faktoren lösen beim Mitarbeiter eine hohe Motivation aus?	
Werte, Bedürfnisse, Ziele, Erwartungen, Gefühle, positive Gedanken und Erinnerungen	
Welche Auslöser bremsen seine Motivation?	
Wie beurteilt die Führungskraft aus ihrer Sicht die Motivation des Mitarbeiters?	
Schritt 2: Entwicklung von Maßnahmen zur Motivationssteigerung	
Wie können die nicht gestillten Bedürfnisse befriedigt werden?	
Was können der Mitarbeiter und die Führungskraft gleichermaßen dazu beitragen?	
Wie können Unternehmensziele und die Ziele des Mitarbeiters durch einen Konsens in Einklang gebracht werden?	
Was können Mitarbeiter und Führungskraft dazu beitragen?	
Liegt bei der Festlegung der Ziele eine Unter- oder Überforderung des Mitarbeiters vor?	
Sind die gegenseitigen Erwartungen an die Arbeit zu hoch oder zu niedrig?	

Schritt 3: Integration der Maßnahmen in den betrieblichen Alltag	
Welche Werte und Bedürfnisse sind uns gemeinsam wichtig?	
Welche Ziele wollen wir gemeinsam erreichen?	
Was ist die gemeinsame Vision unserer Abteilung?	
Gibt es zwischen uns Konflikte, die motivationshemmend wirken?	
Sind die Kompetenzen untereinander klar und gerecht verteilt?	

Schritt 4: Überprüfung der Wirksamkeit der Maßnahmen	
In einem Nachgespräch setzt sich die Führungskraft mit dem Mitarbeiter zusammen und erörtert, inwieweit die getroffenen Maßnahmen aus Sicht des Mitarbeiters zur Steigerung seiner eigenen Motivation beigetragen haben.	
Die Führungskraft äußert sich dazu, wie sich aus ihrer Sicht die Eigenmotivation des Mitarbeiters gesteigert hat oder nicht.	
Die Ergebnisse dieses Gesprächs werden schriftlich festgehalten und ggf. weitere Maßnahmen vereinbart.	

7 Teams zusammenstellen und führen

Team- oder Projektleiter haben die Aufgabe, ein effizientes Team zusammenzustellen und es durch die verschiedenen Phasen eines Projekts zu steuern. Sie müssen entscheiden, welche Mitarbeiter für welche Rollen bzw. Positionen im Team geeignet sind. Dafür benötigen Sie ein sicheres psychologisches Gespür für die Persönlichkeit Ihrer Mitarbeiter und die Kenntnis der verschiedenen Teamrollen.

Als Teamleiter müssen Sie sich mit weiteren typischen Problemstellungen auseinandersetzen: Prozesse der Teambildung, psychologische Phänomene wie Gruppendruck oder das Abschottungsverhalten einer Gruppe, aber auch Konfliktsituationen wie Rollenkonflikte innerhalb des Teams. Auf diese und ähnliche Aufgabenstellungen und Problemlagen möchte Sie dieses Kapitel vorbereiten.

Dieses Kapitel bietet Ihnen das (psychologische) Hintergrundwissen, um gruppendynamische Prozesse besser zu verstehen und für Ihre Teamarbeit zu nutzen. Im Einzelnen erfahren Sie,

- wie Sie ein erfolgreiches Team zusammenstellen (Teambuilding) (Kapitel 7.1),
- über welche Eigenschaften und Fähigkeiten ein erfolgreicher Teamleiter verfügen sollte (Kapitel 7.2),
- welche gruppendynamischen Prozesse im Team wirksam sind und wie Sie diese aktiv beeinflussen können (Kapitel 7.3), und
- was Sie gegen psychologische Phänomene wie Konformitätsdruck und Abschottungsverhalten tun können (Kapitel 7.4).

Nutzen Sie die folgenden Checklisten für Ihre Arbeit als Teamleiter: Auf Seite 123 finden Sie eine Checkliste für die Zusammenstellung eines Teams. Zwei weitere Checklisten zu den Aufgaben des Teamleiters sind auf den Seiten 127 f. abgedruckt.

Siehe CD-ROM

7.1   Ein erfolgreiches Team zusammenstellen

verschiedene
Kompetenzen
ergänzen sich

Wenn Sie ein Team zusammenstellen, sind viele Aspekte zu berücksichtigen. Abhängig von den Aufgaben und Zielen des Teams müssen Sie vor allem dafür sorgen, dass fachlich kompetente Mitarbeiter an Bord sind. Jedoch wird ein Team, das nur aus Fachexperten besteht, nicht gut funktionieren. Denn der Nutzen der Teamarbeit besteht ja gerade in dem produktiven Zusammenwirken von unterschiedlichen, sich ergänzenden Kompetenzen.

> **Achtung:**
> Es kommt darauf an, das Team so zusammenzustellen, dass sich die Stärken und Schwächen der einzelnen Teammitglieder ausgleichen und alle wichtigen Positionen im Team besetzt sind. Sorgen Sie deshalb dafür, dass möglichst unterschiedliche Rollen im Team besetzt werden.

Jede Person nach ihren Stärken entsprechend einzusetzen, heisst auch, dass man eine Position im Team nicht mit einer Person besetzen kann, wenn zwei Voraussetzungen nicht erfüllt sind.

* Die Person ist nicht für diese Position vorbereitet (mangelnde Kompetenz, mangelnde Erfahrung).
* Die Person möchte die Funktion nicht übernehmen (mangelnder Wille zur Übernahme einer Teamposition).

Bei der Zusammenstellung des Teams sollte jede Person so eingesetzt werden, dass ihre individuellen Stärken der Teamarbeit zugutekommen, während die Schwächen durch die Stärken von anderen Teammitgliedern ausgeglichen werden.

Identifizieren Sie die besonderen Kompetenzen sowie die Stärken und Schwächen der einzelnen Teammitglieder. Fragen Sie sich, welchen Beitrag jedes einzelne Teammitglied für den Gruppenerfolg leisten kann. Integrieren Sie alle Mitarbeiter aktiv in die Gruppenarbeit. Die Neubesetzung einer Position innerhalb eines Teams ist mit erheblichem Aufwand und finanziellen Kosten verbunden.

Welches ist die ideale Teamgröße?

Gruppengröße

Wie groß sollte ein Team sein, um optimal zu funktionieren? Eine Gruppe beginnt mit drei bis vier Personen. Im Idealfall sollte eine Gruppe nicht mehr als fünf bis sieben Personen umfassen. In dieser

Gruppengröße können sich alle Personen aufeinander beziehen und untereinander austauschen. Darüber hinaus erlaubt diese Gruppengröße, dass alle wichtigen Teampositionen besetzt werden.

Achtung:

Eine Gruppe sollte nicht zu groß sein. Wenn die Gruppe mehr als sieben bis acht Personen umfasst, ist erfahrungsgemäß eine kritische Größe erreicht, da durch die hohe Anzahl an Teammitglieder die Produktivität durch Reibungsverluste und erhöhten Koordinationsaufwand oft wieder abnimmt. Zudem droht eine zu große Gruppe in kleinere Untergruppen zu zersplittern.

Checkliste: Ein Team zusammenstellen	
Identifizieren Sie die besonderen Kompetenzen sowie die Stärken und Schwächen der potenziellen Teammitglieder.	
Fragen Sie sich, welchen Beitrag jedes einzelne Teammitglied für den Gruppenerfolg leisten kann.	
Gruppenmitglieder, die sich untereinander nicht verstehen, sollten in ihrer negativen Kommunikation isoliert werden.	
Teammitglieder, die offen gegen die Gruppe oder deren Ziele arbeiten, sollten gegebenenfalls aus der Gruppe ausgeschlossen werden.	
Personen, die eine Außenseiterrolle in einer Gruppe einnehmen (Omega-Position), sollten aktiv in die Gruppe eingebunden werden und mit einer Beta-Position betraut werden.	
Begründen Sie im Team, warum eine Person aus dem Team eine bestimmte Position einnehmen soll. Dies fördert das Verständnis der Teammitglieder und stärkt das Zusammengehörigkeitsgefühl im Team.	

siehe CD-ROM

Welche Teamrollen gibt es?

Gemäß einem Modell, das die Teamzusammensetzung stark vereinfacht widergibt, werden in jeder Gruppe die Positionen Alpha, Beta,
Gamma, Omega besetzt (vgl. die folgende Abbildung). Der Teamleiter hat die Alpha-Position inne, während der Außenseiter oder Sün-
denbock die Omega-Position besetzt. Es sei hier dahingestellt, ob
eine Gruppe, um zu funktionieren, tatsächlich das sprichwörtliche
„dritte Rad am Wagen" benötigt. Wenn die Omega-Position aus
dem Team entfernt wird, übernimmt erfahrungsgemäß der nachrü-
ckende Mitarbeiter die vakante Rolle des Außenseiters oder Sün-
denbocks. Hier ist es die Aufgabe des Teamleiters, auch den Träger
der Omega-Position in die Gruppe zu integrieren bzw. alle Rollen
im Team so zu besetzen, dass auch der Mitarbeiter auf der Omega-
Position seinen individuellen Beitrag zum Teamerfolg leisten kann.

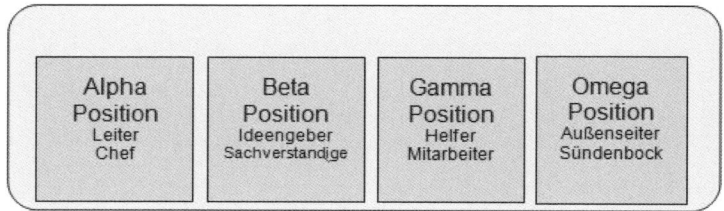

Abb.: Gruppenpositionen (vereinfachtes Modell)

Die Bedeutung der Teamrollen für die Gruppendynamik

Einige Teamrollen sind nicht so einfach zu identifizieren wie die
Alpha- und die Omega-Position. Dennoch ist ihre Kenntnis für die
Kunst, ein erfolgreiches Team zusammenzustellen und für die
Gruppendynamik insgesamt von großer Bedeutung. Weitere Team-
rollen sind:

- Visionär
- Ideengeber
- Fachexperte bzw. Analytiker
- Bewahrer (Bremser)
- Treiber (Motor)
- informeller Führer
- Helfer

Im Folgenden werden drei für die Gruppendynamik besonders wichtige Teamrollen näher beschrieben: der Treiber oder Motor des Teams, der Bewahrer bzw. Bremser sowie der informelle Führer des Teams.

Die Rolle des Bewahrers im Team

Die Rolle des Bewahrers im Team wird vorzugsweise von Mitarbeitern eingenommen, die ein starkes Sicherheitsbedürfnis haben. Der Hauptnutzen für die Teamarbeit besteht in der Zuverlässigkeit, mit der Routinearbeiten erledigt werden. Der „Bewahrer" stört den Arbeitsprozess nicht durch einen Streit um Vorgehensweisen, sondern erledigt zuverlässig seine Arbeit. Er stabilisiert das Team und wirkt so als Vorbild. Wenn im Team Veränderungen (Stichwort „Change-Prozess") anstehen, kann der Bewahrer jedoch zum Bremser, werden, der Neuerungen blockiert. Der Bewahrer ist Neuem gegenüber nicht aufgeschlossen.

Bremser

Die Rolle des Treibers im Team

Der „Treiber" oder „Macher" ist der Motor im Team. Er treibt das Team bzw. die Arbeit im Team voran, ohne lange zu überlegen oder kritische Fragen zu stellen. Diese Rolle wird bevorzugt von impulsiven Mitarbeitern besetzt, die gerne gestalten und sehr handlungsorientiert sind. Die Schwächen dieser Position ergeben sich aus der Kehrseite ihrer Stärken: Der Treiber ist ungeduldig und zu wenig analytisch. Wenn Sie einen „Treiber" in Ihr Team aufnehmen, sollten Sie dessen Schwächen durch einen Mitarbeiter mit analytischen Kompetenzen ausgleichen (Teamrolle: Analytiker). Treiber sollten in der Gruppe mit Funktionen betraut werden, die es ihnen erlauben, ihre Stärken optimal einzusetzen. Zu diesen Aufgaben gehört insbesondere das Entwerfen und Verbessern von Arbeitsabläufen.

Motor des Teams

Die Rolle des informellen Führers im Team

In jeder Gruppe gibt es Führungskräfte, die diese Position per Definition innehaben. Jedoch gibt es in jeder Gruppe auch Personen, die aufgrund ihrer Persönlichkeit, ihre Auftretens oder ihrer fachlichen Kompetenz einen besonderen, herausgehobenen Stand innerhalb der Gruppe haben. Diese Personen werden als informelle Führer bezeichnet.

Im Bereich der gruppendynamischen Intervention, wie sie z. B. bei der Polizei beim Auflösen von Gruppen oder Versammlungen eingesetzt wird, kommt es darauf an, den informellen Führer so schnell wie möglich zu isolieren, um so die Gruppe zu destabilisieren.

Manche Führungskräfte haben Angst vor informellen Führern innerhalb Ihrer Arbeitsgruppe. Sie versuchen daher, diese schnell zu isolieren. Auf diese Weise werden häufig aber Konflikte innerhalb des Teams geschürt.

Tipp:

Prüfen Sie, ob es die Möglichkeit gibt, mit informellen Führern innerhalb Ihres Teams zusammenzuarbeiten. Versuchen Sie informelle Führer in die Gruppenarbeit einzubinden, sodass sie offen und konstruktiv für das Team arbeiten. Nutzen Sie die Führungsqualitäten solcher Personen.

So binden Sie informelle Führer in das Team ein

Um den Zusammenhalt innerhalb der Gruppe nicht zu gefährden, ist es häufig sinnvoll, einen informellen Führer in die Gruppenarbeit bewusst einzubinden und so den Arbeitsprozess innerhalb der Arbeitsgruppe positiv zu beeinflussen. Folgende Schritte können Ihnen in diesem Prozess helfen:

- Beobachten Sie besonders am Anfang eines Projekts den informellen Führer und vergewissern Sie sich seiner Loyalität Ihnen gegenüber. Wie steht er zu dem Projekt?

- Machen Sie sich klar, welche Vorteile der informelle Führer als starker Partner an Ihrer Seite für die Teamarbeit haben kann.

- Kommunizieren Sie besonders am Anfang eines Projektes häufig und ausgiebig mit dem informellen Führer, um ein Vertrauensverhältnis aufzubauen.

- Bieten Sie dem informellen Führer anspruchsvolle (Führungs-) Aufgaben innerhalb der Gruppe an und binden Sie ihn auf diese Weise aktiv in die Gruppe ein. Der informelle Führer hat eine Führungsrolle für den Helfer.

7.2 Aufgaben des Teamleiters

Ein Teamleiter muss über Führungskompetenzen verfügen (vgl. S. 17). Insbesondere sind für seine Tätigkeit kommunikative Kompetenzen erforderlich: Er muss moderieren können, einfühlsam und konfliktfähig sein. Darüber hinaus sollte er über eine große Reflexionsfähigkeit verfügen, um die komplexe Rollenverteilung innerhalb des Teams zu durchschauen und für das Projekt zu nutzen.

Kompetenzen eines Teamleiters

Tipp:

Manche Projekte ziehen sich über Monate oder sogar Jahre hin. Dies kann im Team zu einer „mentalen Erschöpfung" führen, wenn das Team nicht mehr sieht, was es schon erreicht hat. Aus diesem Grund sollten Sie als Teamleiter Etappenziele, wie z. B. das Erreichen eines Meilensteins, auch feiern. So stärken Sie das Wir-Gefühl im Team.

Die folgende Checkliste fasst die wichtigsten Aufgaben des Teamleiters noch einmal zusammen:

siehe CD-ROM

Checkliste: Aufgaben des Teamleiters	
Ziele und Aufgaben des Teams vorgeben (soweit sie nicht Gegenstand gemeinsamer Entscheidungsfindung sind)	
Unterstützung bei der Aufgaben- und Rollenverteilung	
Vermittlung/Moderation von Konflikten	
Unterstützung/Moderation von Entscheidungsbildungsprozessen im Team	
Begleitung des Entwicklungsprozesses im Team	
Ziele der Teamarbeit kommunizieren bzw. den Zielfindungsprozess steuern	
Stärken des Wir-Gefühls (z. B. durch gemeinsame Unternehmungen außerhalb der eigentlichen Arbeitszeit)	
Kommunikation und Zusammenarbeit in der Gruppe stärken	
Reflexion innerhalb des Teams stärken	
Das Team motivieren (in Phasen der Erschöpfung)	

Entscheidungsprozesse in der Gruppe aktiv steuern

Welche Faktoren beeinflussen die Entscheidungsprozesse in der Gruppe? Zu den zentralen Aufgaben des Teamleiters gehört es, Zustimmung (Commitment) der Gruppenteilnehmer bzw. Teammitglieder zu erzeugen. Denn nur, wenn die Mitglieder wirklich von einem Teamziel bzw. einer Entscheidung überzeugt sind, werden sie auch bereit sein, sich mit ganzer Kraft für die Sache einzusetzen. Deswegen sollte der Teamleiter im Prozess der Entscheidungsbildung darauf achten, dass sich die Gruppenmeinung demokratisch und ungestört bilden kann.

- Greifen Sie ein, wenn einzelne Gruppenmitglieder ihre Meinung in destruktiver Weise vorbringen und so den Prozess der Entscheidungsbildung sabotieren.
- Geben Sie auch Meinungen und Vorschlägen von Minderheiten in der Gruppe Raum. Lassen Sie nicht zu, dass durch den Gruppendruck, der durch die Mehrheitsmeinung ausgeübt wird, wertvolle Sichtweisen, alternative Vorschläge und Argumente zum Schweigen gebracht werden.

In der folgenden Checkliste, finden Sie Hinweise, wie Sie Entscheidungsprozesse im Team wirksam steuern können und was Sie tun können, damit dieser Prozess ungestört und zielgerichtet verläuft.

siehe CD-ROM

Checkliste: Entscheidungsprozesse im Team steuern	
Schaffen Sie eine aufgeschlossene und sachliche Diskussionsatmosphäre.	
Geben Sie allen Gruppenmitgliedern die Möglichkeit, ihren Lösungsvorschlag zu unterbreiten.	
Schreiten Sie ein, wenn Einzelne versuchen, den Entscheidungsprozess zu stören bzw. zu boykottieren.	
Unterbinden Sie unsachliche oder beleidigende Äußerungen, indem Sie die Teammitglieder auffordern, sich an die Diskussionsregeln zu halten.	
Ermutigen Sie zurückhaltende Teilnehmer, ihre Meinung auch gegen den Gruppendruck vorzubringen.	

Fragen Sie nach, wenn eine Position nicht deutlich geworden ist.	
Sorgen Sie für eine transparente Entscheidungsfindung, z. B. indem Sie unterschiedliche Lösungsansätze (auf einer Flipchart) zusammenfassen.	
Fördern Sie eine sachliche Auseinandersetzung, indem Sie sich auf die vorgebrachten Argumente konzentrieren und diese ggf. mit anderen Worten zusammenfassen.	
Falls am Ende der Diskussion über den Vorschlag abgestimmt werden soll: Wägen Sie ab, ob eine geheime Abstimmung über die Lösungsvorschläge sinnvoll ist, um so den Faktor „Gruppendruck" klein zu halten.	
Auch wenn nach dem Meinungsbildungsprozess eine Mehrheitsmeinung zum Zuge kommt, die treibende Kraft hinter der Entscheidung sollten überzeugende Argumente sein.	

7.3 Phasen der Teamentwicklung

Die Entwicklung eines Teams verläuft in bestimmten Phasen. Diese Entwicklung wird als Teambildungsprozess bezeichnet. Bei Teams, die sich selbst überlassen sind, also wenig oder gar nicht gesteuert werden, lassen sich vier typische Entwicklungsphasen unterscheiden:

Teambuilding

1. Phase: Forming
2. Phase: Storming
3. Phase: Norming
4. Phase: Growing

Forming	Storming	Norming	Growing
Orientierungsphase	Organisationsphase	Produktionsphase	Wachstumsphase

Abb.: Vier Phasen der Teamentwicklung

129

Mithilfe dieses Phasenmodells lässt sich der Entwicklungsprozess eines Teams gut beschreiben. Darüber hinaus erlaubt es eine Einschätzung, welche Phase das Team gerade durchläuft.

Die Entwicklungsphasen des Teams

Wodurch zeichnen sich die einzelnen Entwicklungsphasen des Teams aus? Als Teamleiter sollten Sie erkennen, welche Phase Ihr Team gerade durchläuft. In der folgenden Charakterisierung werden die einzelnen Entwicklungsphasen skizzenhaft und idealtypisch beschrieben.

Phase 1: Forming (Orientierungsphase)

Suche nach der Teamrolle

Das Team trifft zum ersten Mal zusammen. Die Teilnehmer lernen sich kennen, orientieren sich. Es herrscht eine positive Aufbruchstimmung. Jeder versucht (unbewusst) die eigene Rolle im Team und die Funktion bzw. Rolle der anderen Teammitglieder in Erfahrung zu bringen.

In dieser Phase ist der Teamzusammenhalt, also das Wir-Gefühl, das Selbstverständnis als Gruppe noch nicht stark ausgebildet. Auch Konflikte im Team treten typischerweise noch nicht auf.

Phase 2: Storming (Organisationsphase)

In der zweiten Phase steht die Organisation der Teamarbeit im Vordergrund. Im Team werden die Aufgaben und Rollen verteilt. Es wird festgelegt, wer welche Aufgaben übernimmt.

In dieser Organisations- oder Sturmphase ist die Gruppe sehr anfällig. Es können Konflikte zur Rollen- und Aufgabenverteilung auftreten. Eine erfolgreiche Teamorganisation entsteht nicht von selbst. Hier muss der Teamleiter steuernd eingreifen und gegebenenfalls zwischen Teammitgliedern vermitteln. Er muss einen Sinn dafür haben, wer für welche Aufgaben im Team geeignet ist (siehe Abschnitt „Typologien im Team"). Auch sollte er über Techniken zur Konfliktlösung verfügen, wie sie in Kapitel 10 beschrieben sind.

Phase 3: Norming (Produktionsphase)

Bildung einer Gruppen-identität

Der Übergang von der Storming- zur Normingphase ist fließend. In der Normingphase stabilisiert sich das Team. Regeln des Miteinander setzen sich durch, feste Arbeitsformen, auch bestimmte gruppenspezifische Rituale entstehen. Die Teammitglieder haben ihre Rolle gefunden und füllen sie aus. Ein Wir-Gefühl hat sich entwickelt.

Phase 4: Growing (Wachstumsphase)

In dieser Phase steht der Output, die Produktivität des Teams im Vordergrund. Deswegen wird diese Phase auch als Produktionsphase (Performing) bezeichnet. Die Aufgabe des Teamleiters in dieser Phase besteht darin, aufmerksam zu sein und Konflikte frühzeitig zu erkennen. Insbesondere kann es immer wieder passieren, dass das Team in die Organisationsphase zurückfällt, wenn sich die Aufgaben und Anforderungen verändern. Diese Entwicklungsprozesse sollte der Teamleiter beobachten, um gegebenenfalls steuernd einzugreifen.

Aus dieser Charakterisierung der Teamentwicklungsphasen wird deutlich, dass der Teamleiter bzw. die Führungskraft vor allem in der zweiten Phase (Storming) in den Prozess der Teamentwicklung eingreifen muss. Zu den Aufgaben der Teamleitung gehört es auch, für ein Teamklima zu sorgen, das die Schwankungen infolge der unterschiedlichen Entwicklungsphasen nicht zu stark ausfallen und unter Umständen die gesamte Gruppe sowie ihre Funktionsfähigkeit destabilisieren. *Aufgabe des Teamleiters*

Veränderung der Gruppenstruktur

Für die Arbeit des Teamleiters ist es wichtig zu erkennen, dass der Entwicklungsprozess im Team immer wieder in mehr oder weniger starker Ausprägung von Neuem einsetzen kann, wenn sich die Gruppenstruktur verändert, also Mitarbeiter die Gruppe verlassen oder neue Personen ins Team aufgenommen werden.

> **Achtung:**
> Die vier Entwicklungsphasen lassen sich nicht (immer) klar gegeneinander abgrenzen. Die Übergänge von einer Phase zur nächsten sind fließend. Wenn z. B. ein neuer Mitarbeiter ins Team kommt, wird dieser (wahrscheinlich) zunächst eine Orientierungsphase durchlaufen, unabhängig davon, in welcher Phase das Team als Ganzes ist.

7.4 Welche psychologischen Faktoren beeinflussen die Teamarbeit?

In diesem Abschnitt lernen Sie eine Reihe von typischen gruppen-dynamischen Phänomenen kennen, die die Teamarbeit beeinflussen und manchmal auch empfindlich stören können.

Gruppen- oder Konformitätsdruck

Aus der Wahrnehmungspsychologie weiß man, dass auch unsere Wahrnehmung von vermeintlich objektiven Gegebenheiten stark durch das Urteil der Mehrheit einer Gruppe beeinflusst wird.

Konformitäts-experiment

So wurde in einem Experiment von Solomon Asch[9] Teilnehmer einer Gruppe gebeten, die Länge eines Stabs, der an der Wand proji-ziert wurde, zu schätzen. Jeder Teilnehmer sollte der Reihe nach ein Urteil abgeben. Das Besondere des Experiments war, dass es tatsäch-lich nur *eine* Versuchsperson gab, alle anderen wurden vor der Durchführung des Experiments instruiert, absichtlich ein *falsches* Urteil abzugeben. Die Testperson hörte also immer wieder dasselbe falsche Urteil, bevor sie ein eigenes Urteil (über die Länge des Stabs) abgeben sollte. Als die Testperson schließlich an der Reihe war, gab sie in vielen Fällen der Mehrheitsmeinung, also dem Druck der Gruppe nach und gab ein mehrheitskonformes, aber falsches Urteil ab. Dieses Experiment zeigt ein Phänomen, den Gruppen- oder Konformitätsdruck, das typischerweise in Gruppen auftritt.

Das folgende Beispiel zeigt, wie sich der Gruppendruck in der Teamarbeit störend auswirken kann:

Beispiel:

Auf einer Projektsitzung soll in letzter Minute noch eine wichtige Ent-scheidung zur Umsetzung eines Marketingkonzepts getroffen werden. Der Teamleiter favorisiert die Lösung A, die er unbedingt durchsetzen will. Ohne lange Diskussion stimmt eine große Mehrheit der Teammit-glieder für den Lösungsvorschlag des Teamleiters. Die Teilnehmer scheuen den Konflikt mit dem Teamleiter, außerdem sollte die Sitzung ja schon vor zwei Stunden zu Ende sein.

---

[9]   Solomon Asch führte 1951 als erster das Konformitätsexperiment durch, das in den folgenden Jahren in vielen Formen variiert worden ist.

In den folgenden Wochen bemerkt der Teamleiter, dass einige seiner Mitarbeiter, die für Lösung A gestimmt hatten, jetzt doch etwas anderes umsetzen und sich offenbar nicht an den Beschluss halten. Er kann sich das widersprüchliche Verhalten seiner sonst so zuverlässigen Mitarbeiter nicht erklären.

Was ist hier schief gelaufen? Offenbar war in diesem Beispiel der Faktor „Gruppendruck" am Werk: Die Mitarbeiter haben für die Lösung A gestimmt, ohne wirklich von dieser Lösung überzeugt zu sein.

Was folgt daraus für die Arbeit des Teamleiters?

Als Teamleiter ist es Ihre Aufgabe, gemeinsame Überzeugungen und schließlich Lösungen im Team herbeizuführen. Denn nur, wenn die Teammitglieder von einer Entscheidung auch wirklich überzeugt sind bzw. einem Kompromiss bewusst zustimmen, werden sie sich nachhaltig für die Sache einsetzen.

Das bedeutet nicht, dass man jedes Ziel, jede Frage ausführlich verhandeln muss. Nicht jedes Ziel ist verhandelbar. Im Interesse eines pragmatischen Arbeitsablaufs können einzelne Entscheidungen auch vorgegeben werden, ebenso wie die Rahmenbedingungen eines Projekts vorgegeben sind.

Abschottungs- bzw. Blockverhalten

Ein Team ist besonders leistungsstark und motiviert, wenn das Gemeinschaftsgefühl, das Wir-Gefühl, sehr ausgeprägt ist. Wie das folgende Beispiel zeigt, gibt es Fälle, in denen aus dieser Tugend ein Laster wird und der Gruppenzusammenhalt zu einer Abschottung oder Frontstellung gegenüber anderen Gruppen führt.

Wir-Gefühl

Beispiel:

Im Architektenteam wird eine wichtige Präsentation vorbereitet. Einem öffentlichen Auftraggeber soll ein überzeugender Entwurf für den Bau eines Jugendzentrums vorgestellt werden. Das Architektenteam arbeitet schon seit Wochen auf Hochtouren und mit größter Motivation. Am Tag der Präsentation fällt der Entwurf zum Entsetzen des Teams mit Pauken und Trompeten durch. Der Grund: Wesentliche Anforderungen des Auftraggebers wurden nicht berücksichtigt. Wie konnte dies geschehen?

Fehleranalyse

Was ist hier schief gelaufen? Das Architektenteam hat sich mit großer Motivation an die Arbeit gemacht und die Außenwelt gewissermaßen ausgeblendet. Das Team funktionierte nach Innen so reibungslos, dass es gegen externe Einflüsse unempfindlich war. Die Gruppe hat sich gegen die Möglichkeit einer externen Korrektur förmlich immunisiert.

Was folgt daraus für die Arbeit des Teamleiters?

In dem Beispiel scheint selbst der Teamleiter von der intensiven Gruppendynamik erfasst und mitgerissen worden zu sein. Wichtige externe Faktoren, die das Arbeitsziel des Teams grundlegend mitbestimmen, wie die Anforderungen des Auftraggebers, wurden gar nicht mehr wahrgenommen.

das Team im Unternehmens-zusammenhang

Das Block- oder Abschottungsverhalten einer Gruppe kann sich ebenfalls störend auswirken, wenn die Ziele einer Arbeitsgruppe in den größeren Zusammenhang der Unternehmensziele eingebettet werden müssen. Die Abstimmung der Aufgabenbereiche und Ziele mit anderen Abteilungen oder Projektgruppen kann durch das Blockverhalten einer Gruppe empfindlich gestört werden, wenn einzelne Teams die Aufgaben und Ziele anderer Abteilungen oder Teams ignorieren.

Damit die Gruppendynamik sich nicht zur Abschottung der Gruppe gegen externe Einflüsse entwickelt, sollte der Teamleiter bzw. die Führungskraft darauf achten, dass auch übergeordnete Ziele und gruppenexterne Informationen in den Arbeitsprozess der Gruppe einbezogen werden.

Beispiel:

An größeren Filmproduktionen sind zahlreiche verschiedene Teams beteiligt. Bevor die ersten Szenen gedreht werden können, waren verschiedene Teams schon mit der Ausstattung, den Kostümen, der Maske etc. beschäftigt. Für den Erfolg der Filmproduktion ist es wichtig, dass sich die einzelnen Teams nicht gegeneinander abschotten. Sie müssen ihre Arbeit zeitlich, aber auch inhaltlich aufeinander abstimmen.

Schließen der soziologischen Gruppe

Mit dem Abschottungsverhalten eng verwandt ist das soziologische Phänomen des „Schließens der Gruppe". Soziale Gruppen tendieren dazu, sich gegen andere Gruppen abzugrenzen und zu verschließen. Dieses Verhalten lässt sich bei Jugendgruppen („peer groups") ebenso wie z. B. bei wissenschaftlichen oder künstlerischen Gruppen beobachten.

Ein Gruppenmitglied orientiert sich in der Regel an Personen der eigenen Gruppe mit ähnlichen Einstellungen und Verhaltensweisen.

Beispiel:

In der Wissenschaftspraxis bildet das von Georg Disterer[10] beschriebene „Zitierphänomen" ein Beispiel: Wissenschaftler zitieren mit Vorliebe nur solche Wissenschaftler, die aus demselben fachlichen Feld stammen, um so die Deutungshoheit über den akademischen Raum zu behalten.

Zitierphänomen

Auf den Führungsalltag übertragen bedeutet dies: Führungskräfte, die selbst z. B. aus dem Ingenieurswesen kommen, neigen dazu, in einem Bewerbergespräch einem anderen Ingenieur den Vorzug zu geben, anstatt einem Geistes- oder Sozialwissenschaftler, der möglicherweise die gleiche Eignung hat (vgl. dazu auch S. 84).

Neben spezifischen Störungen der Teamarbeit, wie der Gruppendruck und das Abschottungs- oder Blockverhalten, soll im Folgenden noch kurz auf ein weiteres grundlegendes psychologisches Gruppenphänomen eingegangen werden: das Wettkampf- und Konkurrenzverhalten in Gruppen.

Wettkampf- und Konkurrenzverhalten

Wettkampf- und Konkurrenzverhalten ist in vielen Teams verbreitet. Diese Verhaltensweisen sind an sich nicht negativ. Sie kommen in allen Kulturen mit unterschiedlicher Ausprägung vor und haben die (evolutionsbiologische) Funktion, die Entwicklung des Menschen voranzutreiben.

---

[10] Georg Disterer ist Professor für Wirtschaftsinformatik am Fachbereich Wirtschaft der Fachhochschule Hannover.

Wettkampf als Anreiz nutzen

Für die Gruppen- und Teamarbeit geht es darum, Wettkampfverhalten als Anreiz zu nutzen, um gute Ergebnisse zu erzielen. Dabei muss es nicht immer Verlierer geben. Wenn es dem Teamleiter bzw. der Führungskraft gelingt, einen spielerischen Wettkampf z. B. für die Erarbeitung eines Konzepts zu schaffen, können so Energien freigesetzt werden, die dem Projekt zugutekommen, ohne einzelne Mitarbeiter zu demotivieren.

8 Schwierige Mitarbeitergespräche führen

Der Arbeitsalltag bietet immer wieder Anlässe für schwierige Mitarbeitergespräche. Wenn Sie etwa Fehlleistungen oder Fehlverhalten Ihres Mitarbeiters ansprechen müssen, ist dies – für beide Seiten – eine unangenehme Situation. Dennoch gehören solche Aufgaben zu Ihren Führungstätigkeiten, die erledigt werden müssen.

Aus psychologischer Sicht stellen schwierige Mitarbeitergespräche besonders hohe Anforderungen an die Führungskraft. Denn in solchen Situationen müssen Sie mit Widerständen und starken Emotionen Ihres Gesprächspartners rechnen. Aus Sicht der Führungskraft besteht die Herausforderung darin, kritische Punkte so anzusprechen, dass die Arbeitsbeziehung zum Mitarbeiter keinen Schaden nimmt und der Mitarbeiter nicht demotiviert wird. Aus diesen Gründen ist neben der organisatorischen und inhaltlichen Gesprächsvorbereitung vor allem eine intensive psychologische Vorbereitung auf den Gesprächspartner sowie auf die „Dramaturgie" des Gesprächsablaufs wichtig.

In diesem Kapitel erfahren Sie,
- wie Sie sich auf das Gespräch und insbesondere auf Ihren Gesprächspartner vorbereiten können (Kapitel 8.1),
- welche psychologischen Grundsätze Sie im Kritikgespräch beachten sollten (Kapitel 8.2) und
- wie Sie Störungen im Gespräch vermeiden (Kapitel 8.3).

Nutzen Sie die Checkliste auf Seite 142 zur Vorbereitung auf Ihren Gesprächspartner. Bei der Durchführung von Kritikgesprächen unterstützt Sie die Checkliste auf Seite 145.

siehe CD-ROM

8.1 Vorbereitung auf den Gesprächspartner

Anlässe für schwierige Mitarbeitergespräche

betrieblicher
Gesprächsanlass

Typische betriebliche Anlässe für schwierige Mitarbeitergespräche sind:

- Verfehlen von Leistungszielen
- Fehlverhalten eines Mitarbeiters
- Ermahnung oder Abmahnung wegen Fehlzeiten
- Abmahnung und Kündigung

persönlicher
Gesprächsanlass

Daneben gibt es aber auch Mitarbeitergespräche, die Sie aufgrund von schwierigen persönlichen Umständen Ihres Mitarbeiters führen:

- Suchtprobleme des Mitarbeiters
- ernsthafte physische oder psychische Erkrankung des Mitarbeiters oder eines seiner nahen Angehörigen
- Trauerfall in der Familie des Mitarbeiters

Dieses Kapitel konzentriert sich auf psychologische Aspekte, die bei schwierigen Gesprächen aus betrieblichem Anlass geführt werden. Dabei geht es in einem weiteren Verständnis um Kritikgespräche.

Literaturtipp:

Franz Hölzl und Nadja Raslan unterscheiden in ihrem Buch „Schwierige Personalgespräche" (München 2006) zwischen schwierigen Gesprächen mit betrieblichen und solchen mit persönlichem Hintergrund. Dort finden Sie weiterführende Informationen und praktische Anleitungen zu elf verschiedenen Gesprächstypen.

Organisatorische Gesprächsvorbereitung

stabile
Rahmen-
bedingungen

Da schwierige Gespräche oft von Unsicherheit und Nervosität – möglicherweise auch aufseiten der Führungskraft – geprägt sind, sollten Sie bei der organisatorischen Vorbereitung des Gesprächs sehr sorgfältig vorgehen und für einen stabilen Gesprächsrahmen sorgen.

Festlegung eines Gesprächstermins und Einladung

Achten Sie bei der Festlegung des Gesprächstermins darauf, dass Sie ihn in Absprache mit Ihrem Mitarbeiter vereinbaren. Wenn Sie einen Termin einseitig festlegen, kann dies auf Ihren Mitarbeiter wie eine Vorladung wirken. Ob die Einladung anschließend mündlich oder schriftlich erfolgt, hängt von dem Gesprächsanlass und den Gepflogenheiten in Ihrem Unternehmen ab. Grundsätzlich gilt: Liegt der Gesprächstermin länger als eine Woche in der Zukunft, sollten Sie schriftlich zum Gespräch einladen. Die Einladung zum Gespräch sollte frühzeitig erfolgen, damit Ihr Mitarbeiter sich auf das Gespräch vorbereiten kann.

Die Einladung sollte Ort und Zeit des Gesprächstermins enthalten und den Mitarbeiter auch über den Anlass und die Dauer des Gesprächs informieren.

Ort und zeitlicher Ablauf des Gesprächs

Bei schwierigen Mitarbeitergesprächen ist es besonders wichtig, einen Gesprächsort auszuwählen, an dem Sie ungestört ein vertrauensvolles Gespräch führen können. Wählen Sie für das Gespräch einen ruhigen, neutralen Raum aus und bestimmen Sie einen Zeitpunkt, an dem Sie das Gespräch in Ruhe führen können.

Konflikte auf neutralem Boden lösen

Selbstverständlich sollten Sie Unterbrechungen und Störungen während des Gesprächs vermeiden. Ebenso sollte der Zeitpunkt des Gesprächs mit Bedacht gewählt sein. Planen Sie ausreichend Zeit für das Gespräch ein. Für schwierige Gespräche mit Konfliktpotenzial sollten Sie mindestens eine Stunde veranschlagen und gegebenenfalls einen zusätzlichen Zeitpuffer von einer weiteren halben Stunde einplanen.

> **Tipp:**
>
> Insbesondere bei Konfliktgesprächen bzw. Mitarbeitergesprächen mit Konfliktpotenzial ist es sinnvoll, das Gespräch in einem neutralen Besprechungszimmer zu führen. Wenn das Gespräch in Ihrem Arbeitszimmer stattfindet, sollten Sie das Gespräch nicht von Ihrem Schreibtisch aus führen, sondern an einem Besprechungstisch.

Inhaltliche Gesprächsvorbereitung

Gesprächsziel:
Verhaltens-
änderung des
Mitarbeiters

Die inhaltliche Vorbereitung des Mitarbeitergesprächs richtet sich nach dem Gesprächsziel. Bei einem Kritikgespräch geht es aber nicht einfach darum, den Mitarbeiter zu kritisieren oder zu ermahnen; vielmehr wollen Sie eine nachhaltige und dauerhafte Verhaltensänderung bei dem Mitarbeiter bewirken. Deshalb sollten Sie sich bei der inhaltlichen Vorbereitung des Gesprächs – abhängig vom konkreten Gesprächsziel – an folgenden Fragen orientieren:

- Was wollen Sie mit dem Gespräch erreichen? (Hauptziel des Gesprächs)
- Welches Ziel wollen Sie in dem Gespräch auf jeden Fall erreichen? (Muss-Ziele)
- Wie wollen Sie Ihr Ziel erreichen? Mit welchen Argumenten oder Vorschlägen wollen Sie Ihren Mitarbeiter überzeugen bzw. Ihr Gesprächsziel erreichen?
- Welche Ziele verbindet Ihr Mitarbeiter (vermutlich) mit dem Gespräch?
- Gibt es Gemeinsamkeiten zwischen Ihren Zielen und denen Ihres Mitarbeiters, die eine Lösung vereinfachen könnten?
- Haben Sie Alternativziele für den Fall, dass sich Ihr Hauptziel nicht erreichen lässt?

Psychologische Vorbereitung auf den Gesprächspartner

Bei schwierigen Gesprächen ist vor allem eine gute Vorbereitung wichtig. Neben der organisatorischen und inhaltlichen Gesprächsvorbereitung sollten Sie sich auch psychologisch auf Ihren Gesprächspartner vorbereiten.

Selbstwert-
gefühl des
Mitarbeiters

Bereits in Kapitel 5, S. 93 f. wurde die besondere Bedeutung und Funktion des Selbstwertgefühls in der Mitarbeiterführung dargestellt. In Mitarbeitergesprächen, in denen Sie die Leistung oder das Verhalten Ihres Mitarbeiters kritisch beurteilen, besteht das Risiko, dass Sie das Selbstwertgefühl Ihres Mitarbeiters verletzen und ihn demotivieren. Diese Gefahr sollten Sie sich unbedingt vor dem Gespräch bewusst machen. Wie lassen sich Kritikpunkte vorbringen, ohne den Mitarbeiter vor den Kopf zu stoßen und die Arbeitsbeziehung zu beschädigen?

Die folgenden drei Empfehlungen zeigen Ihnen, wie Sie dabei vorgehen können.

1. Führen Sie das Gespräch so sachlich wie möglich! Im Fall eines Kritikgesprächs bedeutet dies: Kritisieren Sie nur das konkrete Verhalten bzw. die erbrachte Leistung Ihres Mitarbeiters, niemals seine Person. Dies gelingt Ihnen, wenn Sie pauschale Urteile oder All-Aussagen vermeiden.

> **Beispiel:**
>
> Anstatt Ihrem Mitarbeiter pauschal zu unterstellen: „Herr Müller, ständig erscheinen Sie unpünktlich bei der Arbeit!" formulieren Sie besser: „Herr Müller, mir ist aufgefallen, dass Sie in der letzten Woche, am Montag, Mittwoch und Donnerstag etwa eine Stunde zu spät ins Büro kamen ..."

2. Machen Sie sich vor dem Gespräch die Beziehung zu Ihrem Gesprächspartner klar. Ist Ihnen der Mitarbeiter unsympathisch? Sind Sie vielleicht voreingenommen oder verärgert? Welche Emotionen bringen Sie ins Gespräch mit? Haben diese Emotionen wirklich etwas mit dem Gesprächsinhalt zu tun oder handelt es sich um Beziehungsaspekte, die der inhaltlichen Auseinandersetzung im Wege stehen?

   Beziehung zum Mitarbeiter klären

3. Versetzen Sie sich bereits vor dem Gespräch in die Lage Ihres Mitarbeiters. Wie schätzt Ihr Mitarbeiter (vermutlich) die Situation ein? Was könnte Ihr Mitarbeiter auf Ihre Argumente entgegnen?

Nutzen Sie die Checkliste auf der folgenden Seite für Ihre Vorbereitung auf den Gesprächspartner. Sie hilft Ihnen, um im Gespräch Beziehungsaspekte und inhaltliche Aspekte klarer zu trennen, damit Sie sich nicht in Beziehungsfragen verstricken.

Die theoretische Grundlage der Unterscheidung von Inhalts- und Beziehungsaspekten in der Kommunikation ist in den Kapiteln 3.1 und 3.2 näher ausgeführt.

siehe CD-ROM

Checkliste: Vorbereitung auf den Gesprächspartner	
Welche persönliche Einstellung haben Sie zu Ihrem Mitarbeiter? Ist er Ihnen sympathisch oder unsympathisch etc.?	
Haben Sie vielleicht Vorurteile gegen Ihren Mitarbeiter? Welche?	
Wie würden Sie die Beziehung zu Ihrem Mitarbeiter insgesamt beschreiben?	
Wie werden Sie (vermutlich) von Ihrem Mitarbeiter gesehen?	
Welche Erfahrungen (z. B. aus früheren Gesprächen) haben Sie mit Ihrem Mitarbeiter gemacht?	
Was wissen Sie über den Mitarbeiter (persönliche Situation, Hobbys, Eigenarten etc.)?	
Welche Sichtweise wird Ihr Mitarbeiter (vermutlich) auf den Gesprächsgegenstand haben?	
Bei welchen Gesprächsinhalten rechnen Sie mit der Zustimmung des Mitarbeiters?	
Mit welchen Einwänden und Widerständen des Mitarbeiters rechnen Sie?	
Was könnte den Mitarbeiter bewegen, Ihrem Lösungsvorschlag zuzustimmen?	
Wie reagieren Sie, wenn der Mitarbeiter das Gespräch mit negativen Emotionen stört oder ausfällig wird?	
Wie schaffen Sie einen positiven Gesprächsabschluss?	
Wie beenden Sie das Gespräch positiv, auch wenn kein zufriedenstellendes Gesprächsziel erreicht wurde?	

8.2   So führen Sie ein Kritikgespräch

Die folgenden vier Grundsätze unterstützen Sie bei der Durchführung eines Kritikgesprächs.

1. Grundsatz: Führen Sie das Gespräch sachlich und zielorientiert

Auch wenn Sie sich über den Mitarbeiter ärgern: Konzentrieren Sie sich auf die Gesprächsinhalte und -ziele. Kritisieren Sie nicht die Person des Mitarbeiters, sondern nur das konkrete Fehlverhalten.

Wenn Sie sich im Vorfeld des Gesprächs über Ihre Beziehung zum Mitarbeiter Klarheit verschafft haben, wird es Ihnen leichter fallen, Ihre möglicherweise negativen Emotionen aus dem Gespräch herauszuhalten.

Wenn Sie das Gebot der Sachlichkeit verletzen und die Persönlichkeit (den Charakter) Ihres Mitarbeiters kritisieren, verletzen Sie dadurch sein Selbstwertgefühl, seine Integrität. Dies führt in der Regel dazu, dass Ihr Mitarbeiter sich angegriffen fühlt und Ihre Argumente und Lösungsvorschläge nicht mehr hören *will*. Seine Bereitschaft, Kritik zuzulassen, wird deutlich nachlassen. Und selbst, wenn er Ihrem Lösungsvorschlag „zähneknirschend" zustimmt, hat er vielleicht schon innerlich gekündigt.

Gebot der Sachlichkeit

2. Grundsatz: Bringen Sie Ihre Kritik konkret und gezielt vor

Damit die Kritik den Mitarbeiter auch erreicht und so eine Verhaltensänderung bewirkt werden kann, sollten Sie die Kritik konkret, also mithilfe von Verhaltensschilderungen, vorbringen. Formulieren Sie Ihre Kritik so, dass auch die Wirkung des kritisierten Verhaltens deutlich wird.

> **Beispiel:**
> „Dadurch, dass die verabredete Anzahl an Terminen nicht stattgefunden hat, fehlt uns die Summe X an Courtageeinnahmen", statt „Sie waren wohl zu faul, zum Kunden zu gehen".

Achten Sie zudem darauf, nur ausgewählte Kritikpunkte zu benennen. Auf diese Weise vermeiden Sie es, den Mitarbeiter mit Ihrer Kritik zu überfordern. Wenn beim Mitarbeiter die Botschaft ankommt: „Sie machen alles falsch!" ist das Gespräch schnell in einer Sackgasse gelandet.

Neben der (negativen) Kritik sollten Sie immer auch Worte der Anerkennung finden. Die Botschaft sollte lauten: „Grundsätzlich schätze ich Ihre Arbeit sehr, aber hier gibt es eine Schwierigkeit, über die wir sprechen müssen …" So öffnen Sie Ihren Gesprächspartner für das Gespräch und Ihre Lösungsvorschläge.

3. Grundsatz: Geben Sie Ihrem Mitarbeiter die Gelegenheit zu einer Stellungnahme

die Perspektive des Mitarbeiters

Ganz gleich, wie berechtigt und wohlbegründet Ihre Kritik an dem Verhalten oder der Leistung Ihres Mitarbeiters sein mag: Geben Sie ihm immer die Möglichkeit zu einer Stellungnahme. Fordern Sie ihn auf, seine Sicht darzulegen. Die Meinung des Gesprächspartners zu hören, ist eine konkrete und wirkungsvolle Form, ihn zu respektieren und seine Perspektive ernst zu nehmen. Auch im Rahmen eines Abmahnungsgesprächs sollten Sie dem Mitarbeiter die Möglichkeit zu einer Stellungnahme geben.

4. Grundsatz: Versetzen Sie sich in die Lage Ihres Gesprächspartners

Durch die Stellungnahme Ihres Mitarbeiters verstehen Sie (besser), wie er oder sie den Konflikt sieht. Sie erleichtert es Ihnen, sich in die Situation des Mitarbeiters zu versetzen: Was sind seine Motive? Welche Vereinbarungen würde es ihm erleichtern, Ihren Lösungsvorschlag anzunehmen?

Selbstverständlich gelten diese Grundsätze nicht für alle Mitarbeitergespräche gleichermaßen. Aber selbst in einem Abmahnungsgespräch, das in der Regel deutlich strenger geführt wird als ein Kritikgespräch, sollten Sie niemals den Mitarbeiter als Person angreifen und seine Perspektive respektieren.

Respektvoller und ehrlicher Umgang mit dem Gesprächspartner

Menschen spüren intuitiv, wenn ihr Gegenüber nicht authentisch ist. Mit Blick auf das Kommunikationsmodell von Watzlawick (vgl. Kapitel 3.1, insb. S. 59 f.) lässt sich sagen, dass mangelnde Echtheit oder Kongruenz als widersprüchliches Kommunikationsverhalten verstanden werden kann: Wenn die nonverbale und die verbale Kommunikation nicht übereinstimmen (Phänomen der Inkongruenz), nehmen wir die Haltung des Gesprächspartners als „unecht" wahr. Wenn Sie mit Ihrem Mitarbeiter nicht aufrichtig kommunizieren, verlieren Sie schnell sein Vertrauen. Achten Sie also auf eine „echte" bzw. „kongruente" Kommunikation.

Eine humanistische Einstellung gegenüber Ihrem Gesprächspartner wird Ihnen den Umgang mit Ihrem Mitarbeiter in einem schwierigen Gespräch erleichtern. Wechselseitiger Respekt ist der Nährboden für eine positive Grundkommunikation, in der auch schwierige Mitarbeitergespräche konstruktiv geführt werden können.

In der folgenden Checkliste sind noch einmal alle wichtigen Punkte zusammengefasst, die Sie in einem Kritikgespräch beachten sollten:

Checkliste: So üben Sie konstruktiv Kritik	
Tragen Sie die Kritik immer sachlich und nicht emotional vor.	
Als Maßstab zur Bewertung verwenden Sie stets die in der Stellenbeschreibung, in Zielvereinbarungen oder in früheren Beurteilungsgesprächen verabredeten Erwartungen an die Leistung des Mitarbeiters.	
Machen Sie Mitarbeiter nicht für etwas verantwortlich, wofür diese nicht zuständig waren.	
Formulieren Sie stets so, dass deutlich wird, welche Wirkung das Verhalten oder die Leistung des Mitarbeiters hat, bewerten Sie hingegen nicht den Menschen.	
Nennen Sie praktische Beispiele, anhand derer Sie Ihre Kritik festmachen und erklären können, wie Sie sich im jeweiligen Fall eine gute Erledigung der Aufgabe vorgestellt hätten.	
Vermeiden Sie Totschlagskritik („Immer machen Sie alles falsch").	
Hinterfragen Sie, wenn Sie die Ursachen nicht kennen, wie sich Ihr Mitarbeiter die Situation erklärt.	
Geben Sie Ihrem Mitarbeiter Gelegenheit, zu der Kritik Stellung zu nehmen.	
Tragen Sie die Kritik immer sachlich und nicht emotional vor.	

siehe CD-ROM

8.3 Wie gehen Sie mit Störungen im Gespräch um?

In allen Gesprächen kann es zu Störungen kommen, die durch das Verhalten Ihrer Gesprächspartner verursacht werden. Auf den folgenden Seiten finden Sie psychologische Tricks, wie Sie mit Gesprächsstörungen geschickt umgehen können.

Drei typische Störfälle sind:

- Ihr Gesprächspartner hört nicht auf zu reden.
- Ihr Gesprächspartner unterbricht Sie ständig.
- Ihr Gesprächspartner redet unverständlich.

Ihr Gesprächspartner hört nicht auf zu reden

Jeder kennt dass: Eigentlich sollten nur drei Punkte schnell geklärt werden und plötzlich sind Sie einem endlosen Monolog Ihres Gesprächspartners ausgesetzt. In einer solchen Situation sollten Sie seinen Redeschwall schnell unterbrechen, auch wenn Ihnen das unhöflich erscheint. Damit die Gesprächsatmosphäre nicht (zusätzlich) belastet wird, sollten Sie dies besonders höflich, aber auch bestimmt tun:

Beispiele:

„Lassen Sie uns festhalten, dass ..."

„Ich muss Sie hier leider unterbrechen, weil ich gleich einen dringenden Termin habe ..."

Ihr Gesprächspartner unterbricht Sie ständig

Wenn Ihr Gesprächspartner die Angewohnheit hat, Ihnen ständig ins Wort zu fallen, sollten Sie sich dies nicht gefallen lassen. Häufig ist es auf das Temperament eines Menschen zurückzuführen, wenn er oder sie andere notorisch unterbricht. Sie sollten dieses Verhalten also nicht moralisch verurteilen, sondern laut und in freundlichem Ton sagen:

Beispiel:

„Lassen Sie mich diesen Gedanken gerade zu Ende bringen."

„Warten Sie einen Augenblick! Ich bin mit meinem Punkt noch nicht zuende."

Ihr Gesprächspartner redet unverständlich

Wenn Sie Ihren Gesprächspartner nicht verstehen, kann dies daran liegen, dass Ihnen bestimmte Informationen fehlen oder sich Ihr Gesprächspartner nicht klar ausgedrückt hat. In jedem Fall sollten Sie sofort nachfragen. Denn sonst verlieren Sie den Anschluss und das Gespräch geht ohne Sie weiter.

Sie können Ihre Nachfrage so formulieren, dass nicht der Eindruck entsteht, Sie hätten etwas einfach nicht verstanden:

Beispiel:

„Eines habe ich noch nicht verstanden ..."

„Der letzte Punkt ist mir nicht ganz klar geworden ... Meinen Sie, dass ..."

Im Gespräch mit Mitarbeitern, die sehr unklar reden, sollten Sie nicht nur wiederholt und genau nachfragen. Damit das Gespräch konstruktiv bzw. ergebnisorientiert verläuft, sollten Sie darüber hinaus Ergebnisse, auch Zwischenergebnisse, schriftlich festhalten und den Mitarbeiter mithilfe einer geschlossenen Frage auffordern, das Ergebnis festzuhalten.

Beispiel:

Personalreferent: „Habe ich Sie richtig verstanden, dass Sie der Meinung sind, der Absatz ließe sich durch die Werbemaßnahme X nicht weiter steigern?"

9 Mit Stress richtig umgehen

Als Führungskraft sind Sie oft großem Leistungsdruck ausgesetzt. Um selbst gesund zu bleiben und die Freude an der Arbeit nicht zu verlieren, sollten Sie über ein wirkungsvolles Stressmanagement verfügen. Aber auch operative Mitarbeiter sind heutzutage zunehmend belastet und oft auch nach einem achtstündigen Arbeitstag noch in Gedanken bei ihrer beruflichen Tätigkeit. Hier ist es Ihre Aufgabe, Stresssymptome bei Ihren Mitarbeitern frühzeitig zu erkennen und generell dafür zu sorgen, dass die Arbeitsabläufe möglichst stressfrei gestaltet sind.

Neben einer einfachen, aber wirkungsvollen Anti-Stress-Strategie werden in diesem Kapitel zahlreiche konkrete Ansatzpunkte und Maßnahmen beschrieben, um den Stress wirksam zu bekämpfen.

Im Einzelnen erfahren Sie,

- wie berufsbedingter Stress entsteht und was Sie als Führungskraft gegen den Stress Ihrer Mitarbeiter unternehmen können (Kapitel 9.1),
- wie Sie Ihre persönlichen Stressfaktoren identifizieren und systematisch gegen Stress und Arbeitsunzufriedenheit vorgehen können (Kapitel 9.2).

Mithilfe der Checkliste auf Seite 156 können Sie Ihre Stressauslöser identifizieren und ein individuelles „Stressprofil" erstellen. Auf Seite 164 finden Sie einen Beurteilungsbogen für Ihre Mitarbeiter, um herauszufinden, welchen psychischen Belastungen sie am Arbeitsplatz ausgesetzt sind. Alle Arbeitshilfen sind auch auf der beiliegenden CD-ROM enthalten.

siehe CD-ROM

9.1 Wie entsteht berufsbedingter Stress?

Disstress und Eustress

Der Begriff Stress bezeichnet einen Anspannungszustand, der es uns erlaubt, besondere (berufliche) Anforderungen zu bewältigen. Positiver Stress (Eustress) versetzt uns physisch und psychisch in die Lage, uns für eine begrenzte Zeit einer Aufgabe ganz zu widmen. Er fördert so die Konzentration z. B. wenn wir einen Vortrag halten müssen.[11]

Negativer Stress (Disstress) entsteht, wenn wir *dauerhaft* Anspannungssituationen ausgesetzt sind. Im Berufsleben wird Stress häufig durch eine mangelnde Balance an Zeit und Arbeitsumfang verursacht. In Kombination mit vielfältigen Stress fördernden äußeren Faktoren, wie z. B. ein lauter Arbeitsplatz, entsteht der ideale Nährboden für Disstress, also negativ belastender Stress. Im Gegensatz zu positivem Stress entsteht gesundheitlich belastender Stress oftmals schleichend. Wenn der Stress jedoch zum Dauerzustand wird, kann dies zu schweren physischen und psychischen Erkrankungen führen.

Betriebswirtschaftliche Folgen von Stress

Abgesehen von den gesundheitlichen Schäden ist Dauerstress auch unter ökonomischen Gesichtspunkten kontraproduktiv: In einer Studie der Europäischen Agentur für Sicherheit und Gesundheitsschutz am Arbeitsplatz wurde festgestellt, dass etwa 30 % der Deutschen an beruflichem Stress leiden. Dadurch entstehen erhebliche Fehlzeiten und betriebswirtschaftlichen Kosten in Milliardenhöhe.

> „Stress ist das zweithäufigste arbeitsbedingte Gesundheitsproblem und betrifft 22 % aller Arbeitnehmer der EU 27. Untersuchungen zeigen, dass Stress bei 50 % bis 60 % aller verlorenen Arbeitstage eine Rolle spielt. Stress am Arbeitsplatz verursacht hohe Kosten, denn abgesehen vom menschlichen Leid beeinträchtigt er auch die wirtschaftliche Leistungsfähigkeit in erheblichem Maße."[12]

---

[11] Die Unterscheidung von Disstress und Eustress geht auf den österreichisch-kanadischen Mediziner Hans Selye (1907-1982) zurück.

[12] Auf der Homepage der *Europäischen Agentur für Sicherheit und Gesundheitsschutz am Arbeitsplatz* (http://www.osha.europa.eu) können Sie den vollständigen Bericht zu arbeitsbedingtem Stress, dem das Zitat entnommen ist, herunterladen.

Wie Sie Stress bei Ihren Mitarbeitern erkennen

Als Führungskraft tragen Sie Verantwortung für Ihre Mitarbeiter. Sie haben die Aufgabe, die Arbeitsbedingungen so zu gestalten, dass die Zahl und Intensität der Stress auslösenden Faktoren (Stressoren) gering gehalten wird. Dies betrifft z. B. die Einrichtung des Arbeitsplatzes, aber auch die Arbeitsabläufe.

Stressfaktoren am Arbeitsplatz

Der Arbeitsplatz lässt sich in der Regel leicht so einrichten, dass stressfreies Arbeiten möglich ist. Typische Stressverursacher am Arbeitsplatz sind:
- Lärm (häufig in Großraumbüros)
- unzureichende Beleuchtung
- schlechtes Raumklima (zu wenig Frischluftzufuhr, zu geringe Luftfeuchtigkeit)
- nicht-ergonomische Gestaltung des Arbeitsplatzes (Bildschirm, Bürostuhl etc.)

Stressfaktoren bei den Arbeitsabläufen

Neben einer unzureichenden Arbeitsplatzgestaltung können auch undurchdachte Arbeitsabläufe und unklare Arbeitsanforderungen Stress verursachen. Es gibt viele Möglichkeiten, wie Sie auf dieser Ebene Arbeitsunzufriedenheit und Stress wirksam bekämpfen können:

für stressfreie Arbeitsabläufe sorgen

- Sorgen Sie für effiziente Arbeitsabläufe.
- Vermeiden Sie eine Unterforderung Ihrer Mitarbeiter, die z. B. durch die dauernde Übernahme von monotonen Tätigkeiten entsteht.
- Geben Sie Ihren Mitarbeitern klare, eindeutige Aufgaben.
- Motivieren Sie Ihre Mitarbeiter, indem Sie selbstverantwortliches Arbeiten bewusst fördern (siehe hierzu Seite 116 „Empowerment").
- Überfordern Sie Ihre Mitarbeiter nicht. Indem Sie regelmäßig Rückmeldungen von Ihren Mitarbeitern einholen, entwickeln Sie ein Gespür, ob Ihre Mitarbeiter den Aufgaben gewachsen sind.

unklares Füh-
rungsverhalten

Aus Sicht der Mitarbeiter ist unklares Führungsverhalten ein häufiger Auslöser von Stress. Wenn die Aufgabenstellung nicht eindeutig
ist oder der Mitarbeiter kein Feedback zu seinen Leistungen erhält,
führt dies zu Unsicherheit, Unzufriedenheit und Stress. Hier wird
deutlich, dass Aspekte der Arbeitsmotivation (Kapitel 6) mit grund-
legenden Fragen der Mitarbeiterführung (Kapitel 2) und des Stress-
managements eng zusammenhängen.

Wenn einzelne Mitarbeiter ständig im Stress sind

Führungskräfte sollten Ihre Mitarbeiter im Blick haben und Stress-
anzeichen als Warnhinweise ernst nehmen. Selbstverständlich gehören gelegentliche Stressphasen z. B. kurz vor einer Projektpräsentation zum Arbeitsleben. Spätestens, wenn der Stress für Sie und Ihre
Mitarbeiter zum Dauerzustand wird, sollten Sie jedoch einschreiten.

Tipp:

Wenn Sie den Eindruck haben, dass einer Ihrer Mitarbeiter chronisch
angespannt, fahrig und gereizt ist oder ähnliche Stresssymptome zeigt,
sollten Sie diese (möglichen) Anzeichen ernst nehmen. Ergreifen Sie die
Initiative und sprechen Sie ihn an. Fragen Sie ihn, wie er seine Arbeitssituation wahrnimmt und überlegen Sie gemeinsam, welche Möglichkeiten es gibt, gegen den Stress vorzugehen.

Sorgen Sie für ein gutes Betriebsklima

Ein wichtiger Faktor, der Stress und Arbeitsunzufriedenheit verursacht, ist ein schlechtes Betriebsklima. Häufige Konflikte unter Mitarbeitern oder zwischen Mitarbeitern und Vorgesetzten, die nicht
angemessen bearbeitet und bewältigt werden, vergiften das soziale
Klima am Arbeitsplatz. Ein schlechtes Betriebsklima nimmt allen
Beteiligten die Lust an der Arbeit, auch jenen Mitarbeitern, die gar
nicht unmittelbar an einem Konflikt beteiligt sind.

Verbesserung
des Betriebs-
klimas

Als Führungskraft können Sie viel zur Verbesserung des Betriebs-
klimas beitragen, z. B.:

* wertschätzendes Verhalten gegenüber allen Mitarbeitern
* positive Rückmeldung, Lob für geleistete Arbeit
* private „Schwätzchen" auf dem Flur zulassen und positiv sehen
* Betriebsausflüge oder kleinere Feiern für das Projektteam oder
  die Abteilung veranstalten

9.2 So gehen Sie gegen den Stress vor

Auf den folgenden Seiten lernen Sie eine einfache Strategie kennen, wie Sie Ihren Stress in vier Schritten wirksam bekämpfen können.

Anti-Stress-Strategie

- Schritt 1: Analyse der Stresssituation anhand der Unterscheidung zwischen inneren und äußeren Stressoren
- Schritt 2: Erstellung eines persönlichen Stressprofils
- Schritt 3: Prüfung des Gestaltungsspielraums
- Schritt 4: Entwicklung von gezielten Anti-Stress-Maßnahmen

Schritt 1: Analyse der Stresssituation

Jeder Mensch reagiert anders auf Stress. Manche Menschen sind angespannt und nervös, wenn Sie vor einem Publikum sprechen müssen, andere zeigen Stresssymptome, wenn Sie unter Zeitdruck arbeiten. Diese Stressauslöser sind von Mensch zu Mensch verschieden.

Stressauslöser sind individuell verschieden

Beispiel:

Frau S. sind öffentliche Auftritte, bei denen sie ihr Unternehmen präsentieren muss, sehr unangenehm. Um ihre Nervosität in den Griff zu bekommen, bereitet sie sich äußerst penibel vor. Sie arbeitet dann bis in den späten Abend und findet nachts nur wenig Schlaf.

Faktoren wie Zeitdruck oder das freie Reden vor einem Publikum können für manche Menschen auch eine positive Wirkung haben und ihre Arbeit beflügeln. Selbst vermeintlich objektive Stressfaktoren wie Lärm am Arbeitsplatz lösen nicht bei jedem Mitarbeiter gleichermaßen Stress aus. Deswegen ist es für den richtigen Umgang mit Stress so wichtig, sich gut zu kennen und zu wissen, wie man selbst in bestimmten Situationen reagiert.

Bevor Sie geeignete Maßnahmen gegen den Stress auswählen, sollten Sie Ihre individuelle Stresssituation genau analysieren. Anhand des folgenden Beispiels von Herrn Igel, das uns auch später noch beschäftigen wird, lassen sich verschiedene Stressfaktoren (Stressoren) unterscheiden:

> **Beispiel:**
>
> In der Startphase eines neuen Projekts geht es Herrn Igel regelmäßig richtig schlecht: Zahllose Aufgaben sind zu erledigen. Er weiß gar nicht, wo er anfangen soll. Herr Igel fühlt sich wie gelähmt, zieht sich zurück und tut erst einmal gar nichts.

Analyse der Stresssituation

Im Vordergrund steht bei Herrn Igel das Gefühl der Überforderung angesichts der Vielzahl von Aufgaben, die in der Startphase eines Projekts zu bewältigen sind. Dieses Gefühl wirkt sich destruktiv, lähmend auf seine Arbeitsfähigkeit aus.

Innere und äußere Stressoren

Die Unterscheidung zwischen inneren und äußeren Stressoren ist ein hilfreiches Analyseinstrument für das Verständnis der Stresssituation: Das Gefühl der Überforderung bzw. das Gefühl, großen, komplexen Arbeitsaufgaben passiv ausgesetzt zu sein, gehört zu den inneren Stressoren. Die Ursache für den Stress liegt demnach in der (subjektiven) Einstellung zu der Arbeitsaufgabe, die nicht positiv als „herausfordernd", sondern negativ als „überfordernd" wahrgenommen wird. Auf der Ebene der äußeren Stressoren liegen dagegen Faktoren der Arbeitsorganisation: Einteilung der Arbeitszeit, Arbeitsplatzgestaltung, Beleuchtung und Geräuschpegel am Arbeitsplatz etc.

subjektive Bewertung der Faktoren

Innere Stressoren sind weniger greifbar als äußere Stressfaktoren. Denn um sie zu identifizieren, müssen wir uns selbst befragen: Es kommt hier auf die subjektive Bewertung von (möglicherweise) Stress fördernden Ereignissen an.

Schritt 2: Ein persönliches Stressprofil erstellen

Um beruflichen Stress wirksam bekämpfen zu können, müssen Sie sich zunächst klarmachen, in welchen (typischen) Situationen Sie sich gestresst fühlen. Das ist die Aufgabe des Stressprofils.

> **Tipp:**
>
> Bei der Erstellung Ihres individuellen Stressprofils sollten Sie sehr sorgfältig vorgehen. Denn je genauer und konkreter Sie Ihre Arbeitssituation analysieren, umso wirkungsvoller können Sie anschließend gezielte Maßnahmen gegen die einzelnen Stressverursacher ergreifen.

Ein Tagesprotokoll anfertigen

Ein hilfreiches Arbeitsmittel zur Erstellung eines aussagekräftigen Stressprofils ist das Tagesprotokoll: Notieren Sie systematisch, welche Tätigkeiten Sie an einem normalen Arbeitstag verrichten und wie viel Zeit Sie jeweils aufgewendet haben. Seien Sie ehrlich zu sich selbst und notieren Sie nur diejenigen Tätigkeiten, die Sie auch tatsächlich erledigt haben. Nur so kommen Sie den Faktoren auf die Schliche, die für Ihren Stress verantwortlich sind. Das folgende Tagesprotokoll macht Aspekte der Arbeitsweise und -organisation sichtbar, die viel Stress verursachen können:

Zeit	Welche Tätigkeiten wurden tatsächlich verrichtet?
9:00 – 9:30	E-Mails abgerufen und beantwortet
9:30 – 10:00	Telefongespräche geführt (geschäftliche und private)
10:30 – 11:00	Kollege kommt ins Büro, Austausch über morgige Präsentation und das WM-Spiel von gestern
11:00 – 11:30	Begonnen, die Präsentation vorzubereiten
12:00 – 12:30	Unterbrechung der Vorbereitung (wegen Kundenbeschwerde, die sofort bearbeitet werden musste)
13:00 – 13:30	Mittagspause gestrichen, um mit der Präsentationsvorbereitung weiter zu kommen
14:00 – 14:30	Chef fragt wegen Präsentation nach (sehr unangenehm)
15:00 – 15:30	Zum Schnellimbiss gegenüber
16:00 – 16:30	...

Abb.: Tagesprotokoll (Beispiel)

Das (beispielhafte) Tagesprotokoll zeigt deutlich, welche typischen Fehler bei der Arbeitsorganisation gemacht wurden: Die wichtigste Aufgabe des Tages, nämlich die Vorbereitung der Präsentation, ist vor 16 Uhr noch kaum in Angriff genommen worden. Häufige Ablenkungen und fehlende Prioritätensetzung haben dies „erfolgreich" verhindert.

Das Tagesprotokoll unterstützt Sie bei der Beobachtung und Verbesserung Ihres Arbeitsverhaltens. Werden Sie oft unterbrochen oder während der Arbeitszeit gestört? Machen Sie regelmäßig Pausen? Das Tagesprotokoll hilft Ihnen, sich über solche Umstände Klarheit zu verschaffen.

Beobachtung des Arbeitsverhaltens

Stresssituationen am Arbeitsplatz beschreiben

Stress-
Geschichten

Eine weitere Möglichkeit, Stressfaktoren zu identifizieren, besteht darin, Situationen, die Sie als besonders stressig erlebt haben, am Ende des Arbeitstags aufzuschreiben. Wenn Sie mehrere dieser „Stressgeschichten" gesammelt haben, vergleichen Sie. Möglicherweise spielt in jeder Geschichte Zeitdruck eine prominente Rolle. Vielleicht stellen Sie auch fest, dass es jedes Mal um eigene überzogene Ansprüche geht („Perfektionismus").

Stressauslöser mithilfe der Checkliste identifizieren

Die folgende Checkliste enthält die häufigsten Stressauslöser im Berufsleben. Fragen Sie sich mithilfe der Checkliste, welche Umstände bei Ihnen Stress auslösen. Stellen Sie sich dabei möglichst konkrete Ereignisse aus Ihrem Berufsleben vor.

Ein differenzierteres Ergebnis erhalten Sie, wenn Sie Ihre Antworten, die Aussagen in der Checkliste, gewichten:

3 Punkte =   ist häufiger der Fall
2 Punkte =   ist selten der Fall
1 Punkt =   ist nie der Fall

siehe CD-ROM

Checkliste: Meine Stressauslöser	
Überforderung	
Zu viel in zu wenig Zeit tun müssen	
Neue Aufgaben zusätzlich zu alten tun müssen	
Qualität leidet unter Arbeitslast	
Nur Arbeit, Arbeit, Arbeit statt Freizeit oder Pause	
Konflikte	
Man muss viele widersprüchliche Ansprüche der Projektbeteiligten befriedigen	
Sie selbst haben eine andere Meinung als die Kollegen	
Sie selbst haben eine andere Meinung als Vorgesetzter	
Sie selbst sitzen zwischen zwei Stühlen	
Keine Möglichkeiten, die Arbeit gut und richtig zu erledigen	

Mobbing von Anderen	
Ich werde gemobbt	
Kontrollmangel	
Kompetenz für bestimmte Aufgaben gar nicht vorhanden	
Arbeitssituation ist aussichtslos und nicht veränderbar und läuft auf Crash raus	
Kein Einfluss auf Entscheidungen, die eigene Aufgaben betreffend	
Probleme im Rahmen der Arbeitsaufgabe nicht lösbar	
Entfremdung	
Keine Unterstützung von Chef oder Kollegen	
Arbeit wird zunehmend sinnlos	
Organisation/Unternehmen interessiert sich nicht für Sie als Mensch	
Gesundheit	
Blutdruck nicht in Ordnung	
Verdauung nicht im Normbereich	
Schlafmangel, Schlafstörungen	
Sehstörungen	
Hörstörungen	
Alkoholkonsum mehr als 1 Glas Wein pro Tag	
Regelmäßige Einnahme von Schlaf- oder Beruhigungsmitteln	

Schritt 3: Gestaltungsspielraum prüfen

Nachdem Sie (z. B. mithilfe der Checkliste oder dem Tagesprotokoll) Ihre Stressoren identifiziert und ein individuelles Stressprofil erstellt haben, prüfen Sie im nächsten Schritt, welche Gestaltungsmöglichkeiten Sie haben, um dem Stress entgegenzuwirken. Denn der Stress lässt sich oft spürbar entschärfen, wenn Sie anders mit

Stress umgehen. Wenn zu Ihrer Arbeit z. B. häufige Geschäftsreisen und Meetings gehören, können Sie dies möglicherweise nicht grundsätzlich beeinflussen. Vielleicht lassen sich aber bei der Planung von Geschäftsreisen oder Meetings Aspekte berücksichtigen, die den Stresslevel zumindest senken.

Nachdem Sie beschrieben und analysiert haben, welche Faktoren und typischen Situationen bei Ihnen Stress auslösen, geht es nun darum, wirksame Gegenmaßnahmen zu ergreifen. Wichtig ist hier, dass Sie den Stress *gezielt* bekämpfen, d. h. die Maßnahmen sollten an den Stressursachen ansetzen.

Schritt 4: Gezielte Gegenmaßnahmen entwickeln

externe und interne Stressoren

Die Maßnahmen gegen den Stress müssen, um wirkungsvoll zu sein, gezielt an den konkreten Stress verursachenden Umständen, den Stressauslösern ansetzen. Entsprechend der Unterscheidung zwischen externen und internen Stressoren (vgl. S. 154) ist es sinnvoll, auch bei Auswahl der Maßnahmen gegen die Stressverursacher zwischen externen und internen zu unterscheiden.

Am Beispiel von Herrn Igel (vgl. S. 154) wird dies deutlich: Seine Stresssituation ist durch ein Gefühl der Überforderung in der Startphase von neuen Projekten gekennzeichnet. Ausgehend von der Unterscheidung zwischen äußeren und inneren Stressoren bieten sich verschiedene Anti-Stress-Maßnahmen für Herrn Igel an. Auf der Ebene der äußeren Stressoren könnten dies sein:

- Projekte in überschaubare Teilaufgaben untergliedern
- Teilaufgaben delegieren
- effektives Zeitmanagement bei der Bewältigung der Aufgaben betreiben

Maßnahmen, die sich gegen interne Stressursachen richten, könnten sein:

- nach Abschluss von Teilaufgaben sich selbst belohnen
- Entspannungsübungen, regelmäßige Pausen
- etc.

Maßnahmen gegen externe Stressverursacher

Arbeitsplatz und Arbeitsabläufe stressfrei einrichten

Die Einrichtung des Arbeitsplatzes und die Gestaltung der Arbeitsabläufe fallen zum großen Teil in den Kompetenzbereich der Führungskraft. Auf Seite 151 finden Sie Empfehlungen, welche Verbesserungsmöglichkeiten in diesen Bereichen bestehen.

Die individuelle Leistungskurve beachten

Jeder Mensch hat eine individuelle Leistungskurve. Während der Eine schon in den Morgenstunden sehr wach und konzentriert ist, brauchen andere vormittags länger und erreichen ihr Leistungshoch in den Nachmittagsstunden. Überlegen Sie, zu welchen Tageszeiten Sie besonders leistungsfähig sind.

innere Uhr beachten

> **Tipp:**
> Bearbeiten Sie wichtige Aufgaben möglichst während Ihres Leistungshochs. Routinearbeiten können dagegen auch erledigt werden, wenn Sie ein Leistungstief haben, z. B. kurz nach dem Mittagessen.

Arbeitsunterbrechungen vermeiden

Insbesondere wenn Sie wichtige Aufgaben erledigen, die Ihre ganze Aufmerksamkeit erfordern, sollten Sie dafür sorgen, dass Sie nicht unterbrochen werden. Denn nach jeder Unterbrechung – sei es ein Telefonanruf oder ein Kollege, der „mal eben" in Ihrem Büro vorbeischaut – brauchen Sie kostbare Zeit, um das Konzentrationsniveau vor der Unterbrechung wieder aufgebaut zu haben.

Komplexe Aufgaben in Teilaufgaben untergliedern

Große und besonders komplexe Aufgaben, die viel Bearbeitungszeit erfordern, sollten Sie in überschaubare Teilaufgaben untergliedern. Dieses Vorgehen ist vor allem empfehlenswert, wenn Sie sich bei großen Aufgaben bzw. Projekten schnell überfordert fühlen. Außerdem verschaffen Sie sich durch diese Vorgehensweise kleine Erfolgserlebnisse und fördern Ihre Arbeitszufriedenheit, wenn Sie die (Teil-)Aufgabe erledigt haben und so der Bewältigung des Projekts einen Schritt näher gekommen sind. An diesem Beispiel zeigt sich, wie schon kleine Veränderungen in der Arbeitsorganisation einen spürbaren psychologischen Effekt haben können.

Die Zeit richtig einteilen

Mit einer effizienten und auf Ihre persönlichen Bedürfnisse abgestimmten Zeiteinteilung können Sie Ihren Berufsstress wirksam reduzieren. Zeitmanagement ist auch ein wichtiger Faktor bei der Gestaltung der Arbeitsabläufe und Strukturen in Ihrem Unternehmen.

Ablenkung durch die Nutzung von elektronischen Medien

Ablenkungen am Arbeitsplatz

Im Zeitalter der elektronischen Medien, von E-Mail und Internet, werden wir permanent von unserer Arbeit abgelenkt. Die ständige Erreichbarkeit durch Mobiltelefon und Internet verschärft diese Situation. Dieser Umstand geht offensichtlich auf Kosten unserer Konzentrationsfähigkeit. Ständig auf neue Reize und Ansprachen reagieren zu müssen, ist ein erheblicher Stressfaktor.

Die folgenden Empfehlungen sollen Ihnen helfen, durch einen bewussten Umgang mit den elektronischen Medien Ihre Zeit besser einzuteilen und zu nutzen.

Umgang mit dem Telefon

Wenn Sie nicht im Vertrieb oder in einem Callcenter tätig sind, legen sie das Telefon zur Seite oder ziehen Sie den Stecker. Das Telefon ist eine große Ablenkungsfalle. Insbesondere wenn Ihre Arbeit eine hohe Konzentration erfordert, können schon kurze Anrufe Ihre Arbeit boykottieren.

> **Tipp:**
>
> Wählen Sie zwei bis drei Zeitfenster pro Tag, an denen sie konsequent das Telefon benutzen. Zu diesen Terminen beantworten Sie alle Anrufe. Telefongespräche, die keine herausragende Priorität haben, können Sie auch zu einer Tageszeit erledigen, wenn Sie Ihr Leistungstief haben, z. B. direkt nach der Mittagspause.

Umgang mit E-Mails

Öffnen sie Ihren Mail-Account wenn möglich nur zwei- bis dreimal täglich und gehen Sie alle eingegangenen Mails nach folgender Prioritätenskala durch:

- Spam
- niedrige Priorität
- Freunde
- hohe Priorität

In dieser Reihenfolge können sie ihre Mails relativ schnell bearbeiten, ohne in der Flut der Mails den Überblick zu verlieren. Spam-Nachrichten werden sofort gelöscht. Nachrichten mit hoher Priorität sollten Sie zuerst bearbeiten. Dagegen empfiehlt es sich, Mails privater Natur gesammelt nach Feierabend zu beantworten.

Besprechungen und Meetings sind große Zeitdiebe

1. Prüfen Sie, ob Sie an dem Meeting wirklich teilnehmen müssen. Während der Wirtschaftskrise sind viele Geschäftsreisen gestrichen worden; stattdessen wurden Videomeetings veranstaltet. Dies hatte den positiven Effekt, dass nicht zu jedem Termin alle Mitarbeiter anreisen mussten. So wurde viel Zeit und Geld gespart. Prüfen Sie konsequent jedes Meeting und streichen Sie rigoros alle Besprechungen aus ihrem Terminkalender, an denen Sie nicht unbedingt teilnehmen müssen.

2. Bitten Sie eine Person Ihres Vertrauens, eine Zusammenfassung oder ein Exzerpt während des Meetings anzufertigen. Sie lesen auf diese Weise die Quintessenz des Meetings und sparen viel Zeit.

3. Legen Sie bei Meetings und anderen Besprechungen ein Zeitlimit fest und benennen Sie einen Leiter, der zügig durch das Treffen führt. So bekommen Sie eine klare Struktur in die Besprechung und verheddern sich nicht in Kleinigkeiten.

4. Beenden Sie das Meeting pünktlich zum vereinbarten Zeitpunkt. Der Effekt könnte beim ersten Mal leichte Entrüstung bei den Teilnehmern hervorrufen. Aber wenn Sie das Meeting mehrere Male durchführen, werden sich alle Teilnehmer schließlich an den Ablauf halten und ihre Wortbeiträge an den vorgegebenen Zeitrahmen anpassen.

5. Strukturieren Sie die Inhalte des Meetings schon im Vorfeld. Sie können die Teilnehmer auch bitten, die gewünschten Themen vor dem Meeting einzureichen, um das Ausschweifen in weniger relevante Themengebiete zu verhindern.

Schaffen Sie sich Rückzugsorte und Freiräume

Durch eine effiziente Gestaltung der Arbeitsabläufe lässt sich beruflicher Stress spürbar reduzieren. Effizienz ist aber nicht alles! Denken Sie als Führungskraft auch daran, sich Freiräume zu schaffen. Reservieren Sie sich Tage, die Sie nur für Ihr Wohlbefinden nutzen: für die Gesundheit, für die Familie. zum Lesen usw.

Check Six – Health Management

Dr. med. Heinz Knopf führt seit über 16 Jahren Flugtauglichkeitsuntersuchungen für Piloten der Bundeswehr durch. Sein Ansatz konzentriert sich dabei auf die DELTA-T-Phase. Diese Phase bezeichnet den Zeitraum zwischen den medizinischen Vorsorgeuntersuchungen, denen sich jeder Pilot unterziehen muss.

Check Six bedeutet in der Pilotensprache „Schau nach hinten in die 6-Uhr-Position, Du bis im Visier eines Angreifers" – eine Metapher für die holistische Betrachtung der eigenen körperlichen Gesundheit, Fitness, Stressresistenz und persönliche Ausstrahlung, die bei Nichtbeachtung signifikante Einschränkungen der Führungsqualitäten nach sich ziehen kann. Es macht also großen Sinn, als Manager oder Führungskraft aktiv an seiner Gesundheit zu arbeiten. Dr. med Heinz Knopf zeigt Ihnen, wie Sie hierbei am effektvisten vorgehen. Weitere Informationen dazu finden Sie unter **www.frank-consulting.info**.

9.3   Vom Dauerstress zum Burnout

Chronischer Stress führt irgendwann zum Burnout. Das Burnout (engl. „ausbrennen") bezeichnet den Endpunkt in einem Prozess, der von dauerndem Berufsstress geprägt ist. Ein Burnout kann entstehen, wenn der Beruf zum Lebensmittelpunkt wird und in Krisensituationen kein anderer Lebensinhalt mehr vorhanden ist. Die dauerhafte Vernachlässigung der eigenen Bedürfnisse kann dramatische Folgen für die körperliche und psychische Gesundheit haben. Außer körperlichen Problemen treten oft auch Probleme im Umgang mit den Kollegen und Schwierigkeiten mit der Familie auf.

In der Checkliste auf der folgenden Seite sind einige typische Anzeichen für ein (drohendes) Burnout aufgelistet. Viele der hier aufgeführten Anzeichen sind auch typische Stresssymptome. Wenn Sie die überwiegende Anzahl der Aussagen mit Ja beantworten, sollten Sie die Belastungen am Arbeitsplatz unbedingt reduzieren.

Checkliste: Anzeichen für ein Burnout	
Sie leiden unter Schlafstörungen.	
Sie fühlen sich innerlich leer.	
Sie gehen keinen Freizeitbeschäftigungen mehr nach. In Ihrer Freizeit brauchen Sie nur Ruhe.	
Sie haben keine Zeit für andere Beschäftigungen außer der Arbeit.	
Die Arbeit überfordert Sie.	
Sie fühlen sich als Einzelkämpfer.	
Es herrscht ein schlechtes Betriebsklima (Feindseligkeiten zwischen den Mitarbeitern etc.).	
Ihre Mitarbeiter gehen Ihnen auf die Nerven.	
Sie sind am Arbeitsplatz oft gereizt.	
Sie sind am Arbeitsplatz ständig angespannt und gestresst.	
Auch außerhalb der Arbeitszeit sind Sie in Gedanken mit der Arbeit beschäftigt.	
Die Erholungsphasen am Abend und am Wochenende reichen nicht aus, um „neue Energien aufzutanken".	
Bei Ihrer Arbeit gibt es häufig Phasen mit viel Arbeit und Zeitdruck.	
Sie arbeiten oft unter großem Leistungsdruck.	
Der Arbeitsstress wirkt sich negativ auf Ihre Partnerschaft bzw. Familie aus.	
Am Ende der Urlaubszeit empfinden Sie keine Freude, wieder mit der Arbeit zu beginnen.	
Sie erhalten für Ihre Arbeit zu wenig Anerkennung, Lob.	
Am Feierabend brauchen Sie regelmäßig Alkohol, um sich entspannen zu können.	

siehe CD-ROM

Beurteilungsbogen: Psychische Belastungen am Arbeitsplatz

In größeren Unternehmen werden regelmäßig Befragungen durchgeführt, um festzustellen, welchen psychischen Belastungen die Mitarbeiter am Arbeitsplatz ausgesetzt sind. Diese Befragung kann z. B. durch einen Arbeitsmediziner oder die Personalabteilung erfolgen. Sie sollte nicht durch direkte Vorgesetzte der befragten Mitarbeiter durchgeführt werden, weil dies das Antwortverhalten der Mitarbeiter verfälschen könnte.

So arbeiten Sie mit dem Beurteilungsbogen

Auf der folgenden Seite und auf der CD-ROM finden Sie einen Beurteilungsbogen zur Feststellung von möglichen psychischen Belastungen am Arbeitsplatz. Die Anforderungen an den Arbeitsplatz sind erfüllt, wenn die einzelnen Abschnitte mit „ja" beantwortet werden. Wird „nein" angekreuzt, ist die Anforderung nicht erfüllt. Bei einzelnen Antworten mit „nein" muss der Handlungsbedarf im Einzelfall ermittelt werden. Werden alle Abschnitte mit „ja" beantwortet, besteht kein Handlungsbedarf.

siehe CD-ROM

		ja	nein	Bemerkungen
1	**Arbeitsaufgabe**			
1.1	Eindeutige Aufgabenstellung			
1.2	Vollständigkeit der Arbeitsaufgaben			
1.3	Geringer Anteil an Routinehandlungen			
1.4	Durchschaubarkeit der Arbeitsaufgabe			
1.5	Einweisung			
2	**Arbeitsorganisation**			
2.1	Keine Zeitbindung			
2.2	Flexible Arbeitszeit			
2.3	Keine Überstunden			
2.4	Schichtarbeit			
2.5	Pausenregelung			
2.6	Keine Störungen			

		ja	nein	Bemerkungen
3	**Tätigkeitsspielraum**			
3.1	Entscheidungsspielraum			
3.2	Gestaltungsspielraum			
3.3	Eigenverantwortlichkeit			
4	**Qualifikation**			
4.1	Aufgabenorientierte Qualifikation			
5	**Kommunikation/Kooperation**			
5.1	Rückmeldung über Arbeitsergebnis			
5.2	Unterstützung bei Aufgabenerledigung			
5.3	Einbindung in innerbetrieblichen Informationsfluss			
6	**Technische Arbeitsmittel/Software**			
6.1	Arbeitsmittel angemessen vorhanden			
6.2	Schulung			
6.3	Störsicherheit der Technik			
6.4	Ansprechpartner			
6.5	Kurzfristige Problemlösung			
7	**Arbeitsumgebung**			
7.1	Raumklima gemäß Empfehlungen			
7.2	Lärmpegel gemäß Empfehlungen			
7.3	Beleuchtung gemäß Empfehlungen			
7.4	Raumeinteilung gemäß Empfehlungen			
8	**Arbeitsgestaltung**			
8.1	Körperliche Bewegung			
8.2	Mischarbeit			
9	**Allgemein**			
9.1	Positives Betriebsklima			

10 Konflikte im Team lösen

Wo Menschen zusammenarbeiten und häufig sogar mehr Zeit miteinander verbringen als mit ihrer Familie, kommt es unweigerlich auch zu Meinungsverschiedenheiten und Konflikten. Wenn Konflikte zwischen Mitarbeitern jedoch zu eskalieren drohen oder verhärten, das Betriebsklima belasten und den Arbeitsprozess stören, müssen Sie als Führungskraft eingreifen und Konfliktmanagement betreiben.

Problematischer ist der Fall, wenn Sie selbst in den Konflikt involviert sind. In dieser schwierigeren Situation sollten Sie prüfen, ob es sinnvoll ist, den Konflikt selbst zu lösen oder ob Sie einen unbeteiligten Dritten mit der Konfliktlösung betrauen.

Konflikt-
management in
eigener Sache

In diesem Kapitel erfahren Sie,

- welche Konfliktarten im Berufsalltag vorkommen (Kapitel 10.1),
- wie Sie einen (verdeckten) Konflikt zwischen Mitarbeitern frühzeitig erkennen (Kapitel 10.2) und
- wie Sie Konflikte zwischen Mitarbeitern professionell managen (Kapitel 10.3).

Zwei Checklisten zur Vorbereitung des Konfliktgesprächs finden Sie auf den Seiten 179 und 180, ein ausführlicher Gesprächsleitfaden zur Konfliktmoderation ist auf Seite 177 abgedruckt. Alle Arbeitshilfen finden Sie auch auf der CD-ROM zum Ausdrucken.

siehe CD-ROM

10.1 Konfliktarten im beruflichen Umfeld

Konfliktarten im beruflichen Umfeld

In der Psychologie werden verschiedene Konfliktarten unterschieden. Diese Klassifizierung ist aus praktischen Gründen sinnvoll, weil die Wahl der Lösungstechnik auch von der Art des Konflikts abhängt. Die Vorgehensweise und die wichtigsten Techniken im Konfliktmanagement werden in Kapitel 10.3 beschrieben.

Konflikte auf der Sachebene

Bei Konflikten auf der Sachebene geht es um unterschiedliche Lösungsideen, z. B. um die Frage, was in einer bestimmten Projektphase zu tun ist. Wenn sich der Konflikt wirklich nur auf der Sachebene abspielt, ist es die Aufgabe der Führungskraft oder des Teamleiters einen Rahmen zu schaffen, in der die beteiligten Mitarbeiter ihre Positionen und Lösungsvorschläge ungestört vortragen können. Anschließend werden die Vor- und Nachteile der Vorschläge abgewogen und schließlich wird eine Entscheidung getroffen. Dieser Prozess der Entscheidungsbildung, wie er auf Seite 128 beschrieben wird, erfordert keinen Konfliktmanager.

Konflikte auf der Beziehungsebene

Trennung von Sach- und Beziehungsebene

Häufig liegt dem sachlichen Konflikt jedoch ein Konflikt auf der Beziehungsebene der Parteien zugrunde. In diesem Fall muss die Führungskraft – nun in der Rolle eines Konfliktmoderators – zunächst die Sachebene von der Beziehungsebene trennen. Er muss herausarbeiten, welche Aspekte des Konflikts die Beziehung der Konfliktpartner betreffen und was der Sachinhalt des Konflikts ist.

> **Achtung:**
> Konflikte auf der Beziehungsebene („zwischenmenschliche Konflikte") treten auf, wenn zwei Mitarbeiter widerstreitende oder unvereinbare Einstellungen, Wertvorstellungen oder Ziele haben.

Für die Lösung von Konflikten auf der Beziehungsebene gibt es kein Patentrezept. Hier kann nur beschrieben werden, wie Sie dabei grundsätzlich vorgehen können.

Der Konfliktmoderator muss zunächst die zugrunde liegenden Einstellungen der Beteiligten herausarbeiten. Dabei sollte er auf eigene Wertungen unbedingt verzichten. Anschließend geht es darum, die Konfliktparteien aufzufordern, den Konflikt mit den Augen des Konfliktpartners zu sehen, also die Perspektive zu wechseln. Letztlich geht es darum, durch den Perspektivenwechsel zu einem gegenseitigen Verständnis der Konfliktpartner zu gelangen. Bei Konflikten auf der Ebene von Einstellungen und Werten führt dies (idealerweise) zur wechselseitigen Anerkennung der jeweils anderen Einstellung, ohne dass diese deshalb vom anderen geteilt wird.

Vorgehensweise des Konfliktmoderators

Selbstverständlich kann und soll auf diese Weise keine grundlegende Änderung von Wertvorstellungen und individuellen Einstellungen erreicht werden. Wenn die Konfliktparteien aber guten Willens sind, kann es so gelingen, den Konflikt zu entschärfen.

> **Achtung:**
> Gegen den Willen der Konfliktparteien kann ein Konflikt nicht geschlichtet werden. Erfolgreiche Konfliktmoderation setzt die Bereitschaft der Konfliktpartner voraus, eine Einigung oder Lösung auch erzielen zu wollen.

Heißer versus kalter Konflikt

Ein heißer Konflikt bezeichnet eine offene Auseinandersetzung zwischen zwei oder mehr Parteien, die sich gegenseitig bekämpfen. Der Streit wird möglicherweise von heftigen Aggressionen wie Unterstellungen und Beleidigungen begleitet.

offener Streit

Dagegen findet ein kalter Konflikt im Verborgenen statt. Die Konfliktgegner arbeiten im Stillen gegeneinander, halten sich z. B. Informationen vor, streuen Gerüchte, reden abwertend übereinander oder boykottieren die Arbeit des anderen.

Für den Konfliktmoderator bzw. die Führungskraft ist ein kalter Konflikt in der Regel schwerer zu lösen, weil die Parten verhärtet sind und möglicherweise sogar leugnen, dass überhaupt ein Konflikt besteht. Dagegen verlangt ein heißer Konflikt – für alle erkennbar – nach einer Lösung. Bei heißen Konflikten hat der Konfliktmanager oft große Mühe, überhaupt eine sachliche Gesprächsatmosphäre im Konfliktgespräch zu schaffen.

Rollenkonflikte

Viele Konflikte am Arbeitsplatz entstehen, weil ein Mitarbeiter die Rolle des anderen nicht akzeptiert. Rollenkonflikte können – wie im folgenden Beispiel – zwischen unterschiedlichen Hierarchiestufen auftreten.

> **Beispiel:**
>
> Frau Donner ist Projektleiterin. In dieser Funktion delegiert sie die Aufgabe, ein Protokoll der letzten Projektsitzung zu verfassen, an Herrn Meier. Dieser will Frau Donner als Projektleiterin nicht akzeptieren, weil er sich vor einem Jahr selbst vergebens auf diese Position beworben hatte. Widerwillig schreibt er ein halbseitiges Protokoll, das nur aus wenigen Spiegelstrichen besteht und zum weiteren Projektablauf nichts beiträgt.

Die Lösung solcher Konflikte setzt an dem Rollenverständnis an. In dem Beispiel muss Herr Meier also Frau Donner in ihrer Funktion als Projektleiterin anerkennen, gleichzeitig wäre es sicher sinnvoll, wenn es Frau Donner gelingt, Herrn Meier so in die Projektarbeit einzubinden, dass er verantwortungsvolle Aufgaben übernimmt, die ihm über die Kränkung seines Selbstwertgefühls – durch die fehlgeschlagene Bewerbung auf die Position des Projektleiters – etwas hinweghelfen.

10.2 Wie Sie Konflikte frühzeitig erkennen

Wie brisant ist der Konflikt?

Meinungsverschiedenheit oder Konflikt?

Konflikte entstehen häufig aus Meinungsverschiedenheiten, aber nicht jede Meinungsverschiedenheit hat Konfliktpotenzial. Anhand der Fragen aus der folgenden Checkliste können Sie prüfen, wie brisant der Konflikt tatsächlich ist.

Checkliste: Wie brisant ist der Konflikt?	
Um welche kritische Situation geht es?	
Treten diese Situationen gehäuft und in bestimmten Konstellationen auf?	
Ist die Kommunikationssituation statt durch Sachlichkeit und Lösungsorientierung durch Rechthaberei und Vorwürfe geprägt?	
Zeigen die Beteiligten Anzeichen emotionaler Betroffenheit und psychischer Belastung?	
Werden unterschiedliche Meinungen grundsätzlich gelten gelassen?	
Sind die Parteien in der Regel nach einer Auseinandersetzung bereit, wieder aufeinander zuzugehen, oder ist die Anspannung von Dauer?	
Neigen die Beteiligten bei Meinungsverschiedenheiten zu unverhältnismäßigen emotionalen Reaktionen?	
Rufen augenscheinlich harmlose Themen eine massive Stimmungsverschlechterung hervor?	
Werden Meinungsverschiedenheiten offen ausgetragen – oder verdeckt?	
Inwiefern beeinträchtigen Meinungsverschiedenheiten • die Lösungsorientierung? • das Umfeld? • das Klima? • die Arbeitsergebnisse? • die Zusammenarbeit der Beteiligten? • Sonstiges?	
Welche weiteren Konsequenzen sind bislang aus den Störungen hervorgegangen?	
Wie schwerwiegend sind diese Konsequenzen?	
Existieren tatsächlich unvereinbare Interessen?	

siehe CD-ROM

Konflikte frühzeitig erkennen

Nährboden für Konflikte

Im betrieblichen Umfeld gibt es eine ganze Reihe von typischen Situationen, die eine Art Nährboden für Konflikte darstellen. Wenn Sie als Führungskraft einen Blick dafür haben, in welchen Situationen mit Konflikten zu rechnen ist, können Sie frühzeitig und gezielt eingreifen.

> **Beispiel:**
> Frau Förster ist Projektleiterin. Bei der anstehenden Projektsitzung müssen einige Entscheidungen getroffen und unangenehme Aufgaben verteilt werden. Da sie ihr Team gut kennt, weiß sie, mit welchen Widerständen sie bei den einzelnen Teammitgliedern zu rechnen hat.

Konflikte erkennen, bevor es zu spät ist

Es liegt auf der Hand, dass Konflikte leichter zu lösen sind, wenn man sie erkennt, bevor das Kind in den Brunnen gefallen ist. Besonders in der Teamarbeit lässt sich so verhindern, dass Konflikte auf die Zusammenarbeit der anderen Mitarbeiter im Team oder auf die Abteilung übergreifen.

Konfliktpotenzial aufgrund von Hierarchien

Hierarchien sind typische Konfliktherde. Wenn ein Vorgesetzter – aus welchem Grund auch immer – von seinem Mitarbeiter nicht anerkannt wird oder dieser sich durch ihn bevormundet fühlt, birgt dies typischerweise Konfliktpotenzial. Eine häufige Ursache für Konflikte sind z. B. widerstreitende Abteilungsbefugnisse.

> **Beispiel:**
> Die Geschäftsführung will ein neues Ablagesystem einführen. Die Mitarbeiter in der Abteilung Vertrieb sind damit überhaupt nicht einverstanden und boykottieren diese Neuerung.

Offene und verborgene Konflikte

Besonders schwierig ist es, verborgene Konflikte zu erkennen. An dem Verhalten Ihrer Mitarbeiter können Sie ablesen, ob ein verdeckter oder offener Konflikt vorliegt. Die folgende Übersicht enthält einige typische Verhaltensweisen.

Offene Konflikte	Verborgene Konflikte
Der Mitarbeiter beschwert sich häufig.	Der Mitarbeiter macht „Dienst nach Vorschrift".
In Gesprächen werden die Differenzen betont.	Der Mitarbeiter hält Informationen zurück.
Der Mitarbeiter widerspricht häufig.	Der Mitarbeiter verhält sich taktisch.
Fehlzeiten nehmen zu.	Der Mitarbeiter zeigt übereifriges Auftreten.
Der Mitarbeiter geht Gesprächen aus dem Weg.	Der Mitarbeiter macht verletzende Äußerungen gegenüber anderen Mitarbeitern.
	Der Mitarbeiter sucht Streit.

In der folgenden Checkliste sind einige Indikatoren zusammengefasst, die auf einen verdeckten oder schwelenden Konflikt hinweisen können. Natürlich kann das Vorliegen dieser Indikatoren auch andere, unbedenkliche Ursachen haben. Trotzdem sollten Sie bei diesen Anzeichen alarmiert sein und der Sache nachgehen.

Checkliste: Anzeichen für verdeckte Konflikte	
Das Verhalten eines Mitarbeiters oder der Gruppe verändert sich.	
Die Mitarbeiter verbringen die Pausen nicht mehr gemeinsam.	
Bei Meetings halten sich die Mitarbeiter bzw. ein Mitarbeiter auffällig zurück.	
Bei Problemlösungen zeigen die Mitarbeiter kein Engagement.	
Informationen werden unter den Mitarbeitern nicht mehr weitergegeben. Fehlender bzw. stockender Informationsfluss.	

siehe CD-ROM

10.3 So moderieren Sie Konflikte zwischen Mitarbeitern

konstruktive
Einstellung zum
Konflikt

Bevor Sie in diesem Abschnitt konkrete Lösungsstrategien und Moderationstechniken kennenlernen, soll die Einstellung des Konfliktmoderators kurz beschrieben werden.

Wenn Sie einen Konflikt zwischen Mitarbeitern zu lösen haben, sind vor allem Ihre kommunikativen Kompetenzen gefragt. Sie müssen bereit sein und den Mut haben, den Konflikt offen anzusprechen. Sie müssen also über die Führungskompetenz „Konfliktfähigkeit" verfügen.

Eine besondere Gefahr besteht darin, sich nicht in den Konflikt hineinziehen oder von den Konfliktparteien instrumentalisieren zu lassen. Das bedeutet: Sie müssen Ihre persönlichen Sympathien oder Antipathien gegenüber den beteiligten Mitarbeitern aus dem Spiel lassen. Dies erfordert von Ihnen eine entschlossene Sachorientierung.

Konfliktparteien an der Lösung beteiligen

Die hier beschriebene konstruktive und sachorientierte Einstellung ist eine wichtige Grundvoraussetzung für die erfolgreiche Lösung von Konflikten. Ein anderer Aspekt ist aber für den Erfolg der Konfliktlösung ebenfalls entscheidend:

Als Konfliktmanager müssen Sie die Beteiligten bei der Lösungs- oder Kompromisssuche aktiv einbeziehen. Denn wenn Sie den Kompromiss lediglich vorschreiben oder den betroffenen Mitarbeitern ohne deren ausdrückliche Zustimmung den Kompromiss mühsam abringen müssen, besteht die Gefahr, dass der Konflikt später (über einen anderen Gegenstand) neu entfacht wird. Die aktive Einbeziehung der Konfliktparteien ist für eine nachhaltige Konfliktlösung deswegen unabdingbar.

Konflikt-
management

Der konstruktive, professionelle Umgang mit Konflikten setzt neben vielen weiteren Eigenschaften, die Konfliktfähigkeit voraus. Dieses Soft Shkill bezieht sich sowohl auf die Fähigkeit, mit Konflikte, in die man selbst involviert ist, konstruktiv umzugehen, als auch auf die Fähigkeit, Konflikte zwischen Mitarbeitern zu moderieren.

Die Moderation von Konflikten ist mehr als nur ein klärendes Vermittlungsgespräch zwischen streitenden Parteien; es setzt die Fähigkeit voraus, Techniken und Strategien der Konfliktlösung professionell einzusetzen. Dies bedeutet: Konfliktmanagement kann man lernen.

Wenn nichts mehr geht – manche Konflikte müssen entschieden werden

Führungskräfte müssen dafür Sorge tragen, dass alle Mitarbeiter ihre Arbeit machen können. Aus dieser allgemeinen Perspektive erscheinen Konflikte zwischen Mitarbeitern als Störungen bzw. Beeinträchtigungen von Arbeitsprozessen. Wenn zwei Mitarbeiter überhaupt nicht miteinander auskommen, ist es „verlorene Liebesmüh", im Gespräch an das gegenseitige Verständnis zu appellieren. Wenn Sie im Gespräch mit den zerstrittenen Mitarbeitern festgestellt haben, dass sich der Konflikt nicht schlichten lässt und auch Kompromisslösungen nicht Erfolg versprechend sind, müssen Sie eine Entscheidung treffen, die zumindest den geordneten Arbeitsablauf wieder herstellt.

> **Beispiel:**
>
> Frau Mücke und Herr Steinert teilen seit einem halben Jahr ein Büro. Schnell wurde deutlich, dass sich die beiden überhaupt nicht verstehen: Frau Mücke hat eine sehr ruhige und gewissenhafte Arbeitsweise. Herr Steinert ist dagegen sehr extrovertiert, wirbelt durch das Büro und führt lautstarke Telefongespräche. Die beiden geraten immer öfter aneinander und beschweren sich wechselweise bei ihrer Vorgesetzten über den jeweils anderen Mitarbeiter.
>
> Nachdem die Vorgesetzte in einem klärenden Gespräch mit den beiden festgestellt hat, dass die unterschiedlichen Persönlichkeiten immer wieder neue Streitereien hervorbringen werden, entscheidet sie, die Organisation am Arbeitsplatz so zu verändern, dass Frau Mücke und Herr Steinert nicht mehr in dem gleichen Büro arbeiten müssen.

Konflikte, deren Ursache in unvereinbaren Persönlichkeitsmerkmalen liegt, lassen sich häufig nicht auflösen, sondern nur entschärfen, z. B., indem man versucht, die arbeitsorganisatorischen Bedingungen, die den Konflikt verschärfen, zu verändern.

unvereinbare Persönlichkeitsmerkmale

Da die Ursachen des Konflikts in dem Beispiel nicht beseitigt werden konnten, besteht jedoch immer die Gefahr, dass der Konflikt wieder ausbricht. Deswegen ist diese Strategie der Konfliktmoderation am Ende unbefriedigend.

Leitfaden: Konfliktmoderation

Der Ablauf einer Konfliktmoderation lässt sich in drei Phasen unterteilen:
- Phase 1: Konfliktklärung
- Phase 2: Lösungssuche
- Phase 3: Umsetzungsplanung

Nutzen Sie den Leitfaden auf der folgenden Seite für die Durchführung Ihrer Konfliktmoderation.

siehe CD-ROM

Leitfaden: Konflikte zwischen Mitarbeitern moderieren	
Warming up	Die Konfliktsituation öffnen und gemeinsames Verständnis sichern.
Phase 1: Konfliktklärung	
Standpunkte klären	Jeder der Beteiligten erhält ausführlich Gelegenheit, seinen Standpunkt zu erläutern. Die jeweils andere Partei hört nur zu und geht nicht auf die Erläuterungen ein.
Die Anliegen hinter den Standpunkten erforschen	Nicht leicht zu trennen, aber dennoch wichtig: Welche konkreten Anliegen verbergen sich hinter den Standpunkten? Welche genauen Vorstellungen, Wünsche, Befürchtungen, Interessen, Ängste etc. haben die Konfliktpartner?
Den Kern herausarbeiten: Worauf kommt es an?	Die Anliegen ordnen und nach ihrer Bedeutung gewichten. Was ist das wichtigste Anliegen? Welches Anliegen muss geklärt werden, um weiter zu kommen?
Gemeinsame Ziele erarbeiten	Gemeinsame Ziele und Interessen in diesem Konflikt erarbeiten.
Verhandlungsthemen definieren	Die unterschiedlichen Interessen und Ziele definieren und für die nächste Phase zur Verhandlung stellen.
Phase 2: Lösungssuche	
Lösungen entwickeln	Die wesentlichen Anliegen aufgreifen und Lösungen dazu entwickeln. Hier geht es darum, erst einmal mehrere Lösungsmöglichkeiten zu entwickeln, ohne sie zu bewerten oder bereits zu entscheiden.

Lösungen auswählen	Wurden mehrere Lösungen erarbeitet, gilt es die besten auszuwählen.
	Kriterien definieren nach dem Maßstab: Welche Lösung dient den verschiedenen Interessen am besten?
Lösungen beschließen	Die Beteiligten einigen sich auf eine Lösung.
	Es ist hilfreich, den Beschluss schriftlich zu fassen und von den Konfliktpartnern unterschreiben zu lassen.
Phase 3: Umsetzungsplanung	
Die Umsetzung planen	Wie erfolgt die genaue Umsetzung der Lösung? Wer macht was bis wann?
Zweiten Gesprächstermin festlegen	Bei Konflikten ist es sinnvoll, ein weiteres Gespräch zu führen, um zu prüfen, ob der Konflikt tatsächlich bereinigt ist.

Sollte der Vorgesetzte den Konflikt managen?

Bevor Sie einen Konflikt zwischen Mitarbeitern zu lösen versuchen, sollten Sie grundsätzlich prüfen, ob dies im Einzelfall überhaupt sinnvoll ist. Vielleicht hat der Konflikt bereits eine Eskalationsstufe erreicht, die eine professionelle Schlichtung durch einen externen Konfliktmanager erfordert. Ebenso wenig ist es zielführend, den Konflikt selbst zu schlichten, wenn Sie befürchten müssen, in den Konflikt hineingezogen zu werden. Diese und weitere Fragen behandelt die folgende Checkliste.

Checkliste: Sollte der Vorgesetzte den Konflikt managen?	
Ist der Konflikt bereits eskaliert? Auf welcher Eskalationsstufe ist der Konflikt angesiedelt?	
Instrumentalisierungsdruck	
Gibt es schon Versuche der Konfliktparteien, mich (den Vorgesetzten) auf ihre Seiten zu ziehen?	
Wie intensiv werden diese Versuche betrieben?	
Wie war meine Reaktion darauf?	
Wie haben die Konfliktparteien darauf reagiert?	
Wie gut kann ich mit dem Druck der Konfliktparteien umgehen, mich auf ihre Seite ziehen zu wollen?	
Neutralitätswahrnehmung	
Wie schätzen die Konfliktparteien meine Stellung zurzeit ein?	
Habe ich in ihren Augen Partei ergriffen oder bin ich (noch) neutral?	
Was habe ich konkret getan, um meine Neutralität deutlich zu machen?	
Was habe ich konkret getan bzw. unterlassen, was als Parteinahme interpretiert werden könnte?	
Was sagt „mein Bauch": Kann ich mich konsequent als neutral positionieren und gleichzeitig genug Zeit für die Rolle des Konfliktmanagers aufbringen?	
Konfliktbeteiligung	
Gab es in der Vergangenheit für mich Möglichkeiten, auf einer früheren Eskalationsstufe in den Konflikt einzugreifen?	
Warum habe ich das nicht gemacht?	
Wie interpretieren die Konfliktparteien das?	
Kann ich gut begründen, warum ich erst jetzt in den Konflikt eingreife?	

siehe CD-ROM

Wenn Sie selbst am Konflikt beteiligt sind

Im Mittelpunkt dieses Kapitels stand die Frage, wie Sie Konflikte zwischen Ihren Mitarbeitern managen. Es ging also um Konflikte, an denen Sie nicht selbst beteiligt sind. Wenn Sie selbst in den Konflikt involviert sind, sollten Sie sich zunächst die grundsätzliche Frage stellen, ob Sie ohne externe Hilfe (z. B. durch einen unbeteiligten Dritten oder einen Konfliktmanager) den Konflikt lösen können.

Die folgende Checkliste bietet Ihnen eine Hilfestellung bei der Vorbereitung eines Konfliktgesprächs.

siehe CD-ROM

Checkliste: Vorbereitung eines Konfliktgesprächs	
Sachebene	
Was soll der Gegenstand des Gesprächs sein?	
Wie sehe ich den Sachverhalt?	
Was sind meine Interessen dabei?	
Wie wird der Gesprächspartner den Sachverhalt vermutlich sehen?	
Welche Interessen wird er haben?	
Welche Themen möchte ich ansprechen und welche Themen möchte ich in diesem Gespräch vermeiden?	
Wie will ich die Themen ansprechen?	
Beziehungsebene	
Wie sehe ich die Beziehung zwischen dem Gesprächspartner und mir?	
Wie nah oder fern sind wir uns, wie ist die gegenseitige Wertschätzung ausgeprägt?	
Wie möchte ich die Beziehung in diesem Gespräch gestalten?	
Wie wird der Gesprächspartner unsere Beziehung sehen?	
Wie könnte er sie gestalten wollen?	

Persönliche Ebene	
Wie geht es mir mit diesem Gespräch?	
Welche Gedanken und Gefühle habe ich in Bezug auf das Thema?	
Welche Gedanken und Gefühle habe ich in Bezug auf das bevorstehende Gespräch?	
Welche Gedanken und Gefühle wird der Gesprächspartner bezüglich des Themas und des bevorstehenden Gespräches haben?	
Zielebene	
Was sind meine Ziele in diesem Gespräch?	
Welche Teilziele kann ich definieren, die bei einem schlecht laufenden Gespräch bereits als Erfolg gewertet werden können (um das eigentliche Ziel ggf. in einem weiteren Gespräch zu verfolgen)?	
Welche Zielveränderungen, die sich aus dem Gespräch ergeben könnten, wären akzeptabel?	
Welche Ziele verfolgt wohl der andere?	

11 Kommunizieren in der Krise

Kommunikation in Krisen zeichnet sich dadurch aus, dass alle Beteiligten unter großem psychischen Druck stehen. Psychologische Drucksituationen, hervorgerufen z. B. durch die Ankündigung von Entlassungen, um eine drohende Insolvenz abzuwenden, lösen verständlicherweise existenzielle Ängste bei *allen* Mitarbeitern aus, also auch bei denjenigen, die nicht unmittelbar betroffen sind. Sie belasten das Betriebsklima erheblich und lassen rationales Verhalten als unmöglich erscheinen.

Solche Situationen stellen Führungskräfte vor große Herausforderungen, weil der Kommunikationsprozess und das Betriebsklima im Unternehmen insgesamt betroffen sind.

Dieses Kapitel konzentriert sich auf die Frage, wie Sie Ihre kommunikativen Fähigkeiten auch in wirtschaftlichen Krisenzeiten angemessen einsetzen.

Im Einzelnen erfahren Sie,

- wie sich die psychische Belastung auf die Kommunikation im Unternehmen auswirkt (Kapitel 11.1),
- woran Sie eine Krise frühzeitig erkennen (Kapitel 11.2),
- wie die Krise das Betriebsklima beeinflusst (Kapitel 11.3) und
- was Sie bei der Vermittlung von Hiobsbotschaften beachten müssen (Kapitel 11.4).

Zwei Checklisten auf den Seiten 188 und 189 stärken Ihre Kommunikationsfähigkeit in Krisensituationen und zeigen Ihnen, wie Sie auch mit heftigen emotionalen Reaktionen von Mitarbeitern konstruktiv und sensibel umgehen.

siehe CD-ROM

11.1 Kommunikation unter psychischer Belastung

Der Psychologe Laurent F. Carrel[13] identifiziert vier Faktoren, die die Kommunikation in Krisen beeinflussen. Diese Faktoren sind dafür verantwortlich, dass in Krisensituationen rationales Handeln als nicht mehr möglich erscheint:

- **Schock**

  Schock ist eine physiologische Reaktion des Körpers. Der Körper schaltet bei einem Unfall auf die vitalen Notfunktionen um. Ebenso ist damit zu rechnen, dass Mitarbeiter auf betriebliche Hiobsbotschaften wie unter Schock reagieren.

- **Druck**

  Unterschiedliche Erwartungshaltungen und/oder Abhängigkeiten der Kommunikationsteilnehmer erschweren die freie Kommunikation. Die Gefahr besteht, dass der Druck im Kommunikationssystem zu groß wird und sich die unterdrückten Gefühle plötzlich und gewaltsam entladen.

- **Angst**

  Unter Angst kommunizieren Menschen niemals frei. Wenn es gelingt, die Ängste in die Kommunikation einzubinden, anstatt im Schatten einer stummen Angstkulisse zu agieren, ist schon viel gewonnen.

- **Verzweiflung**

  Wenn Menschen unter Druck geraten, lassen sich grundsätzlich zwei Richtungen der Druckentwicklung lokalisieren: Druck nach außen und Druck nach innen. Bei der Entweichung nach außen leidet das System, bei Druckausübung nach innen leidet das Individuum.

---

[13] Laurent F. Carrel (2004): *Leadership in Krisen*, Zürich.

11.2 Woran erkennen Sie eine Unternehmenskrise?

Die Krise beginnt auf der Ebene der Kommunikation. Es gibt eine Vielzahl von kleinen und größeren Anzeichen, die auf eine entstehende Krise in dem Unternehmen hinweisen. Wenn Sie diese Indikatoren schon zu einem frühen Zeitpunkt registrieren und richtig einordnen, können Sie rechtzeitig steuernd eingreifen und gewinnen Gestaltungsspielraum. An dem Kommunikationsverhalten im Unternehmen lässt sich häufig schon eine beginnende Krise bzw. eine krisenhafte Unternehmens- oder Abteilungssituation ablesen.

Krisen-indikatoren

Merkmale gestörter Kommunikation

Wenn Sie in Ihrem Unternehmen die folgenden Beobachtungen machen, sollten Sie aktiv werden und geeignete Gegenmaßnahmen ergreifen:

- Mitarbeiter und Vorgesetzte kommunizieren zunehmend aggressiv.
- Mitarbeiter und Vorgesetzte halten Informationen zurück. Der Kommunikationsfluss wird stockender.
- Einzelne Mitarbeiter werden bei den Informationswegen nicht eingebunden (z. B. E-Mail-Verteiler).
- Bestimmte Mitarbeiter werden zu Besprechungen und Meetings nicht eingeladen.
- Bestimmte Mitarbeiter werden bei Projekten nicht hinzugezogen.

11.3 Wie wirkt sich die Krise auf das Betriebsklima aus?

Auswirkungen auf das Betriebsklima

Wenn ein Unternehmen in die Krise geraten ist, hat dies Auswirkungen auf alle Bereiche des Unternehmens. Für die Mitarbeiter drohen möglicherweise Entlassungen. Aber selbst wenn Entlassungen vermieden werden können, wird das Betriebsklima unter der krisenhaften Situation leiden. In einer solchen angespannten Situation ist auch mit Aggressionen seitens der Mitarbeiter zu rechnen. Während wir diese Anteile im Alltag jedoch in der Regel unter Kontrolle haben, können etwa in Ausnahmesituationen, z. B. als Reaktion auf Hiobsbotschaften oder bei akutem Stress, destruktive Verhaltensweisen auftreten, die das Betriebsklima vergiften und eine erfolgreiche Zusammenarbeit unmöglich machen. Darüber hinaus kann sich das Klima zwischen den Mitarbeitern so sehr verschlechtern, dass einzelnen Mitarbeitern (durch Mobbing) oder dem Unternehmen (durch Boykott) konkreter Schaden zugefügt wird.

Krisenmanagement

In einer solchen Situation ist professionelles Krisenmanagement gefragt. Das ist deswegen eine große Herausforderung für Führungskräfte, weil sie selbst natürlich ebenso wie ihre Mitarbeiter unter erheblicher psychischer Spannung stehen. Die Führungskraft sollte in der Krise grundsätzlich Verständnis für Unmutsäußerungen ihrer Mitarbeiter haben. Trotzdem muss unmissverständlich klar sein, dass Verhaltensweisen wie Mobbing, Tätlichkeiten unter Mitarbeitern oder Boykott auch in der Krise unter keinen Umständen geduldet werden können.

> **Tipp:**
>
> Wenn das Unternehmen in eine Krise geraten ist, ist es besonders wichtig, den Zusammenhalt der Mitarbeiter und Führungskräfte, also das Wir-Gefühl zu stärken. Die Botschaft an die Mitarbeiter muss lauten: „Wir müssen große Anstrengungen übernehmen, um durch die Krise zu kommen, aber schließlich wir werden gestärkt aus ihr hervorgehen." Auf diese Weise kann die Krise tatsächlich eine Chance sein, den Firmenzusammenhang zu stärken.

11.4 So kommunizieren Sie Hiobsbotschaften

Wenn Ihr Unternehmen in eine wirtschaftliche Krise gerät, ist die Unternehmensleitung gezwungen, schnell wirksame Entscheidungen zu treffen und umzusetzen. Diese Managemententscheidungen betreffen in der Regel die Unternehmensorganisation: Vielleicht müssen Abteilungen zusammengelegt werden, um Synergieeffekte zu erzeugen und so die Kosten zu reduzieren. Vielleicht werden abgrenzbare Arbeitsbereiche outgesourct oder es wird Kurzarbeit eingeführt. In wirtschaftlich harten Zeiten können oft auch betriebsbedingte Kündigungen nicht vermieden werden.

Als Führungskraft ist es Ihre Aufgabe, solche Personalentscheidungen gegenüber Ihren Mitarbeitern – bei sehr großen Unternehmen auch in der unternehmensexternen Öffentlichkeit – zu vertreten.

Im Folgenden erhalten Sie drei Empfehlungen, wie Sie schlechte Nachrichten im Unternehmen kommunizieren.

Kommunikation von Hiobsbotschaften

Zögern Sie unangenehme Mitteilungen nicht hinaus

Sobald Sie bzw. die Unternehmensleitung entschieden haben, welche Maßnahmen in der Krise getroffen werden müssen und welche personellen Konsequenzen auf die Mitarbeiter zukommen, sollten Sie ein Meeting bzw. eine Versammlung einberufen und allen Mitarbeitern die Situation schildern. Dies sollten Sie frühzeitig tun, um das Entstehen von Gerüchten, die das Betriebsklima zusätzlich belasten, zu verhindern. Außerdem ist es auch ein Gebot der Fairness gegenüber den betroffenen Mitarbeitern, sie so schnell wie möglich über die schwierige Unternehmenslage aufzuklären.

Kommunizieren Sie die schlechte Nachricht klar und transparent

Die Vermittlung von Personalentscheidungen, insbesondere von bevorstehenden Kündigungen, sollte sachlich und ohne Umschweife erfolgen. Bereiten Sie sich sehr sorgfältig vor und begründen Sie die Entscheidung schlüssig und nachvollziehbar.

Die folgende Checkliste gibt Ihnen Hinweise, wie Sie unangenehme, „harte" Entscheidungen, wie Umstrukturierungen oder Entlassungen, gegenüber Ihren Mitarbeitern kommunizieren.

siehe CD-ROM

Checkliste: So kommunizieren Sie schlechte Nachrichten	
Achten Sie darauf, dass keine Gerüchte entstehen, sondern informieren Sie die Betroffenen möglichst frühzeitig.	
Geben Sie eine nachvollziehbare Begründung, warum die Unternehmensentscheidung notwendig ist.	
Kommunizieren Sie die Entscheidung ehrlich und ohne Umschweife.	
Bleiben Sie ruhig und sachlich, auch wenn Ihre Mitarbeiter mit starken Emotionen auf die schlechte Nachricht reagieren.	
Versetzen Sie sich auch in die Lage Ihrer Mitarbeiter und zeigen Sie Verständnis für negative Emotionen.	
Wenn keine sachliche Kommunikation mehr möglich ist, akzeptieren Sie diese Situation und vertagen Sie das Gespräch.	
Führen Sie Einzelgespräche mit betroffenen Mitarbeitern.	

Haben Sie Verständnis für heftige Emotionen

Unternehmensentscheidungen, die Ihre Mitarbeiter persönlich – existenziell – betreffen, können starke emotionale Reaktionen auslösen. Dafür sollten Sie Verständnis haben und sich entsprechend vorbereitet haben. Jeder Mitarbeiter reagiert anders auf schlechte Nachrichten. Einige Ihrer Mitarbeiter werden möglicherweise mit Ärger und Wut auf die Nachricht reagieren, während sich andere niedergeschlagen zurückziehen.

negative Emotionen akzeptieren

Bei heftigen Reaktionen wie Ärger und Wut hat es keinen Sinn, an die Vernunft des Mitarbeiters zu appellieren. Versuchen Sie nicht, Ihre Mitarbeiter zu beruhigen, sondern hören Sie darauf, was Ihr Mitarbeiter durch seine Emotionen mitteilt.

Sollten Sie persönlich angegriffen werden, also selbst in die Schusslinie eines Wutausbruchs geraten, können Sie angesichts der Krisensituation versuchen, auch dies bis zu einem gewissen Grad, den Sie nur persönlich für sich bestimmen können, auszuhalten. Wenn Sie Ärger in sich aufsteigen spüren und sich persönlich verletzt fühlen, sollten Sie diese Warnzeichen ernst nehmen und für Ihr weiteres Handeln berücksichtigen.

Analyse der Kommunikationssituation

Bei der Analyse von solchen schwierigen, emotionsgeladenen Situationen hilft Ihnen das Kommunikationsmodell von Schulz von Thun, das in Kapitel 3.2 vorgestellt wurde. Treten Sie gedanklich aus der Kommunikationssituation heraus und analysieren Sie: Worüber ärgern Sie sich? Ärgern Sie sich über die Art, wie sich der Mitarbeiter äußert (Beziehungsebene), oder stört Sie der Inhalt dessen, was er sagt (Sachebene)? Fragen Sie sich, was der Mitarbeiter mit seinem kommunikativen Verhalten beabsichtigt (Appell-Ebene).

Checkliste: Mit negativen Emotionen von Mitarbeitern umgehen	
Lassen Sie negative Reaktionen im Gespräch wie Wut, Ärger, Trauer zu.	
Unterbrechen Sie den Gefühlsausbruch nicht, sondern hören Sie Ihrem Mitarbeiter zu und versuchen Sie, seine Motive zu verstehen.	
Versuchen Sie nicht, den Mitarbeiter zu beruhigen. Das macht es oft noch schlimmer, weil sich der Mitarbeiter möglicherweise nicht ernst genommen fühlt.	
Lenken Sie das Gespräch nach dem Gefühlsausbruch vorsichtig auf eine Sachebene.	
Bitten Sie den Mitarbeiter nach dem Gefühlsausbruch, seine Gefühle in Worte zu fassen.	
Wenn es nicht gelingt, im Gespräch auf die Sachebene zurückzukehren, sollten Sie das Gespräch vertagen.	

siehe CD-ROM

189

12 Interkulturelle Kommunikation

Mitarbeiterarbeiterführung im internationalen Umfeld betrifft alle Bereiche der Personalarbeit: Im Bewerbergespräch sitzen Ihnen Kandidaten aus unterschiedlichen Nationen gegenüber. Teams sind international zusammengesetzt, oft arbeiten sie als „virtuelle Teams" im Internet zusammen. Führungskräfte kommunizieren auf Englisch, weil Sie mit Mitarbeitern aus unterschiedlichen Ländern und Kulturen zusammenarbeiten.

Konzepte wie z. B. das *Diversity Management* antworten auf diese relativ neue Situation einer globalisierten Arbeitswelt, indem sie die (kulturelle) Verschiedenheit und Individualität der einzelnen Mitarbeiter bewusst respektieren und – auch zum Wohle des Unternehmens – gezielt fördern. Denn die vielfältigen Kompetenzen und Erfahrungen, die Mitarbeiter aus unterschiedlichen Kulturkreisen mitbringen, sind nicht nur ein Imagegewinn für das Unternehmen. Untersuchungen zu gruppendynamischen Prozessen bestätigen, dass gemischte Teams häufig besser arbeiten, weil unterschiedliche Kompetenzen und Erfahrungen sich produktiv ergänzen können.

Diversity Management

Dennoch wäre es naiv anzunehmen, dass die kulturelle Vielfalt der Mitarbeiter von selbst die Zusammenarbeit und Produktivität im Unternehmen fördert. Aus Sicht der Führungskräfte geht es darum, diese Situation in der Mitarbeiterführung aktiv zu gestalten und die besonderen Herausforderungen, die sich aus ihr ergeben, zu meistern. Aber wie lässt sich ein Arbeitsprozess effizient organisieren, an dem Menschen mit unterschiedlichen kulturellen Prägungen beteiligt sind?

Aufgabe der Führungskraft

In diesem Kapitel erfahren Sie,

* welches Fähigkeiten unter dem Begriff der interkulturellen Kompetenz zusammengefasst sind (Kapitel 12.1),
* wie sich kulturelle Unterschiede auf die Mitarbeiterführung auswirken können (Kapitel 12.2) und
* was Unternehmen tun können, um internationale Mitarbeiter an sich zu binden (Kapitel 12.3).

12.1 Drei Dimensionen der interkulturellen Kompetenz

Der Begriff „interkulturelle Kompetenz" umfasst ein Bündel von Fähigkeiten, die es der Führungskraft erlauben, Mitarbeiter aus anderen Kulturen zu führen sowie selbst in anderen Kulturen erfolgreich zu agieren. Zur interkulturellen Kompetenz gehören im Wesentlichen drei Dimensionen:

1. Interkulturelle Kompetenz bedeutet, dass man sich der eigenen kulturellen Prägung bewusst ist. Unsere Werte und Verhaltensweisen beanspruchen keine allgemeine Gültigkeit, gleichwohl können wir sie nicht einfach ablegen oder gegen andere Werte austauschen. Wenn wir Mitarbeiter aus anderen Nationen oder Kulturkreisen führen, sollten wir uns also der eigenen kulturell tradierten Werte und Verhaltensweisen bewusst sein. Für eine Führungskraft bedeutet dies, dass sie im Umgang mit Mitarbeitern aus anderen Kulturkreisen ein Gefühl für die *eigenen* kulturellen Voraussetzungen und ihren Einfluss auf die Mitarbeiterführung entwickeln sollte.

2. Zur interkulturellen Kompetenz gehört als zweite Dimension, dass die Führungskraft den kulturellen Hintergrund ihres Mitarbeiters kennt. Zumindest sollten sie eine Vorstellung davon haben, welche Werte für die Kultur des Mitarbeiters zentral sind. Im Zusammenhang der Mitarbeiterführung ist es z. B. wichtig zu wissen, wie sich die Arbeitsweise in der Kultur eines ausländischen Mitarbeiters von unserer Arbeitsweise unterscheidet oder wie sich Hierarchiestrukturen in Unternehmen unterscheiden (vgl. dazu Kapitel 12.2).

Beispiel:

In der japanischen Gesellschaft gilt es als unhöflich und schroff, das Anliegen eines Gegenübers direkt zu verneinen. Statt direkt Nein zu sagen, würde sich ein Japaner sehr viel indirekter und höflicher ausdrücken. Nur wenn Sie um diesen kulturellen Unterschied wissen, vermeiden Sie es, Ihren japanischen Mitarbeiter oder Geschäftspartner vor den Kopf zu stoßen.

3. Die dritte Dimension der interkulturellen Kompetenz bezieht sich auf die Anpassungsfähigkeit an die Verhaltensformen anderer Kulturen. Wenn Sie im Ausland arbeiten, sollten Sie in der Lage sein, sich den jeweiligen Gepflogenheiten anzupassen. Das bedeutet nicht, sich selbst aufzugeben. Vielmehr sollten Sie die andere Gesellschaft so gut kennen, dass Sie wissen, wie Sie die Äußerungen Ihres Gegenübers auffassen müssen bzw. wie Ihre Äußerungen verstanden werden. Hier geht es nicht (nur) um die Beherrschung von Fremdsprachen, sondern um das grundsätzliche Verständnis von kulturellen Praktiken und Gepflogenheiten.

12.2 Was bedeuten kulturelle Unterschiede für die Führungspraxis?

Mitarbeiter mit unterschiedlichem kulturellem Hintergrund zu führen, ist eine große Herausforderung. Denn sie erfordert von der Führungskraft, dass sie die Anforderungen an die Arbeitsweise und Leistungen ihrer Mitarbeiter vor dem Hintergrund der kulturellen Besonderheiten des jeweiligen Mitarbeiters reflektiert und gegebenenfalls anpasst.

Unterschiedliche Wahrnehmung der Leistungsbeurteilung

In der Regel gibt es in einem multinationalen Konzern einheitliche Standards zur Leistungsbeurteilung der Mitarbeiter. Dies hilft Ihnen jedoch wenig, wenn es darum geht, einem Mitarbeiter, der es aufgrund seines kulturellen Hintergrunds gar nicht gewohnt ist, beurteilt zu werden, das Führungsinstrument Mitarbeiterbeurteilung zu erklären. Ebenso wird es schwierig sein, von einem Mitarbeiter ein aussagekräftiges Führungsfeedback zu erhalten, dessen kultureller Hintergrund es geradezu verbietet, an Vorgesetzten Kritik zu üben. In der konkreten Führungsarbeit mit dem einzelnen Mitarbeiter kommen Sie deshalb nur weiter, wenn Sie auch die kulturellen Unterschiede – etwa bezüglich der Arbeitsweise, des Verhältnisses zu Vorgesetzten oder des Stellenwerts des Individuums – in der Führungsarbeit berücksichtigen.

Mitarbeiterbeurteilung

> **Achtung:**
> Eine Führungskraft sollte die jeweiligen kulturellen Gepflogenheiten und Werte ihrer Mitarbeiter in der Personalarbeit berücksichtigen. Dies erfordert große Sensibilität und Einfühlungsvermögen, aber auch handfestes Wissen um kulturelle Unterschiede.

Kulturen unterscheiden sich in zahllosen Aspekten voneinander. Es kommt hier auf die Berührungspunkte zwischen Kulturen in betrieblichen Situationen an. Für die Arbeit von Führungskräften sind vor allem solche Dimensionen relevant, die direkte Konsequenzen für die Personalarbeit haben. Unterschiede in der Esskultur brauchen Sie bei der Führung von Mitarbeitern in der Regel nicht zu berücksichtigen.

Im Folgenden werden exemplarisch zwei Dimensionen, in denen sich Kulturen unterscheiden, vorgestellt und mögliche Folgerungen für die Personalarbeit und die Wahl des Führungsstils aufgezeigt.

Die Beziehung des Mitarbeiters zum Vorgesetzten

Kulturen lassen sich danach unterscheiden, wie ausgeprägt und akzeptiert soziale Ungleichheiten und Hierarchien sind. In Ländern wie Japan und China sind die Mitarbeiter eher geneigt, große Hierarchien und Unterschiede zu akzeptieren, die auch außerhalb der Arbeitssituation fortbestehen.

Dagegen werden in westlichen Kulturen (Westeuropa und die USA) Hierarchien zunehmend als wertneutrales Organisationsprinzip aufgefasst. In westlichen Kulturen wird (tendenziell) von einer grundsätzlichen Gleichheit von Führungskräften und Mitarbeitern ausgegangen. Die Arbeitsorganisation des Unternehmens erfordert die Besetzung von bestimmten Rollen, wie die Führungsrolle. Außerhalb des Arbeitsverhältnisses gebührt dem Vorgesetzten kein größerer Respekt als dem Mitarbeiter. Sie sind grundsätzlich gleich.

Folgerungen für die Mitarbeiterführung

Bei der Wahl und Ausgestaltung Ihres Führungsstils sollten Sie die kulturell unterschiedliche Wahrnehmung von Machtverhältnissen in der Unternehmenshierarchie berücksichtigen. Wenn Sie Mitarbeiter führen, die eine große Machtdistanz, also ausgeprägte Hierarchien gewohnt sind und erwarten, werden Sie mit einem demokratischen Führungsstil, der von flachen Hierarchien ausgeht, möglicherweise nicht sehr weit kommen. In Kapitel 1.3 finden Sie eine ausführliche Darstellung der unterschiedlichen Führungsstile mit ihren Vor- und Nachteilen.

Der Stellenwert des Individuums in der Kultur

Kulturen lassen sich nach dem Stellenwert des Individuums in der Gesellschaft unterscheiden. Individualistische Kulturen – dazu gehören Länder wie Großbritannien, Frankreich, Deutschland und die USA – betonen die Bedeutung des Einzelnen gegenüber der Gruppe. Für Menschen, die „kollektivistischen" Kulturen angehören, spielt die Zugehörigkeit zu einer übergeordneten Gruppe, wie die Familie, das Unternehmen oder die Nation eine wichtige Rolle.

Folgerungen für die Mitarbeiterführung

Mitarbeiter aus individualistischen Kulturen erwarten, dass ihre individuelle Leistung gemessen wird. Ein Feedback oder die Mitarbeiterbeurteilung kann entsprechend deutlich, ehrlich und direkt erfolgen. In kollektivistischen Kulturen ist die individuelle Leistungsbeurteilung dagegen nicht so verbreitet. Wenn Sie in einem Unternehmen arbeiten, das Niederlassungen in „kollektivistischen" Kulturen hat (dazu zählen z. B. die Länder Brasilien und Japan), müssen Sie damit rechnen, dass die Leistungsbeurteilung und individuelle Förderung der Mitarbeiter als fremd wahrgenommen und von den Mitarbeitern nicht angenommen wird. Wenn Sie in Mitarbeitergesprächen nicht mit interkultureller Kompetenz vorgehen und z. B. Ihre Beurteilung allzu direkt formulieren, riskieren Sie, dass Ihr Mitarbeiter sein Gesicht verliert. In einem solchen Fall empfiehlt es sich, die positiven Beurteilungsaspekte besonders zu betonen. Selbstverständlich werden Sie nicht auf den Einsatz der entsprechenden Führungsinstrumente verzichten, weil sie nicht zur Kultur des Mitarbeiters passen. Dennoch müssen Sie bei der Vermittlung Ihrer Führungsmethoden und -techniken den spezifischen kulturellen Hintergrund Ihres Mitarbeiters berücksichtigen und die Ziele z. B. der Mitarbeiterbeurteilung ausführlich erklären.

12.3 Interkulturelle Kommunikation im Unternehmen – ein Beispiel aus der Praxis

International operierende Unternehmen, die die interkulturelle Kommunikation vernachlässigen, schaden ihrem Image und demotivieren die (betroffenen) Mitarbeiter. Das folgende Beispiel zeigt Ihnen, welche Maßnahmen dazu beitragen,

Ziele der interkulturellen Kommunikation

- die interkulturelle Kompetenz im Unternehmen zu fördern,
- internationale Mitarbeiter an das Unternehmen zu binden und
- das Image des Unternehmens als international operierenden Konzern nachhaltig zu verbessern.

Dieses Beispiel steht stellvertretend für viele deutsche Konzerne, die sich im Vergleich zu englischen, französischen oder amerikanischen Unternehmen mit der kulturellen Vielfalt Ihrer Mitarbeiter noch etwas schwer tun.

Beispiel:

Bei einem weltweit tätigen Chemiekonzern wurde festgestellt, dass die Fluktuationsquote der Niederlassungen im asiatischen Raum im Vergleich zu den Standorten auf anderen Kontinenten wesentlich höher ausfällt. Als Grund dafür konnte die mangelnde Identifikation der Mitarbeiter mit dem deutschen Mutterkonzern festgestellt werden. Die Mitarbeiter sahen innerhalb des Konzerns keine realen Aufstiegschancen und nahmen den Konzern in der Führung als „zu deutsch" wahr.

Nach der Analysephase wurde in einem internationalen Change-Projekt eine Imagekampagne für den Konzern ins Leben gerufen, mit dem Ziel, die internationalen Mitarbeiter enger an das Unternehmen zu binden.

Gleichzeitig wurden in dem Konzern Seminare zur Förderung der interkulturellen Zusammenarbeit angeboten, um die Mitarbeiter weltweit zu sensibilisieren. Als weitere Maßnahme wurde beschlossen, die Hälfte der Führungsmannschaft jeder Niederlassung mit einheimischen Fachkräften aus den jeweiligen Regionen zu besetzen.

Der Erfolg dieser Maßnahmen setzte mit einer Verzögerung von ca. drei Jahren ein. Heute wird der Konzern als rein internationaler Konzern wahrgenommen, der sich auch in den Medien und in der Öffentlichkeit so präsentiert.

Literaturverzeichnis

Beck, Ulrich (1997): *Was ist Globalisierung?,* Frankfurt a. M. (Suhrkamp Verlag).

Bion, Wilfred R. (1961): *Erfahrung in Gruppen und andere Schriften,* Stuttgart (Klett-Cotta Verlag).

Bleicher, Knut (1991): *Das Konzept Integriertes Management: Visionen – Missionen- Programme,* Frankfurt a. M. (Campus Verlag).

Bourdieu, Pierre (1987): *Die feinen Unterschiede,* Frankfurt a. M. (Suhrkamp Verlag).

Carrel, Laurent F. (2004): *Leadership in Krisen,* Zürich (Verlag Neue Züricher Zeitung).

Drucker, Peter (1995): *Die ideale Führungskraft. Die Hohe Schule des Managers,* Berlin (Econ Verlag).

Faerber, Yvonne und Daniela Turck und Dr. Oliver Vollstädt (2006): *Umgang mit schwierigen Mitarbeitern,* München (Haufe Verlag).

Fiedler, Fred Edward und J.E. Garcia (1987): *New Approaches to Leadership, Cognitive Resources and Organizational Performance,* New York.

Frankfurt, Harry G. (2006): *Bullshit,* Frankfurt a. M. (Suhrkamp Verlag).

Friedman, Thomas L. (2007): *Die Welt ist flach. Eine kurze Geschichte des 21. Jahrhunderts,* Frankfurt a. M. (Suhrkamp Verlag).

Goffman, Erving (1975): *Stigma: Über Techniken der Bewältigung beschädigter Identität,* Frankfurt a. M. (Suhrkamp Verlag).

Hejl, Peter, Ernst von Glasersfeld und Heinz von Foerster (2009): *Einführung in den Konstruktivismus,* München (Piper Verlag).

Hersey, P (1986): *Situatives Führen,* Landsberg am Lech.

Hersey, P. und K.H. Blanchard K.H. (1987): *Management of organizational behaviour: Utilizing human ressources,* New York (Englewood).

Hölzl, Franz und Nadja Raslan (2006): *Schwierige Personalgespräche,* München (Haufe Verlag).

Hölzl, Franz und Nadja Raslan (2008): *Führungstechniken. Trainer,* München (Haufe Verlag).

Kentzler, Christine und Dr. Julia Richter (2010): *Stressmanagement*, Haufe-Lexware Verlag.

Kotter, John (1989): *Erfolgsfaktor Führung. Führungskräfte gewinnen, halten und motivieren*, Frankfurt a. M. (Campus Verlag).

Löhner, Michael (2005): *Führung neu denken. Das Drei-Stufen-Konzept für erfolgreiche Manager und Unternehmen, Frankfurt* a. M. (Campus Verlag).

Mahabubani, Kishore (2009): „Schluss mit den Belehrungen!", Artikel im Internet unter http://www.spiegel.de/spiegel/0,1518,554273,00.html.

Malik, Fredmund (2006): *Führen, Leisten, Leben: Wirksames Management für eine neue Zeit*, Frankfurt a. M. (Campus Verlag).

Mentzos, Stavros (1988): *Interpersonale und institutionalisierte Abwehr*, Frankfurt a. M. (Suhrkamp Verlag).

Nöllke, Matthias (2002): *Management. Was Führungskräfte wissen müssen*, München (Haufe Verlag).

Nöllke, Matthias (2009): *Vertrauen. Wie man es aufbaut. Wie man es nutzt. Wie man es verspielt*, München (Haufe Verlag).

Probst, Gilbert, Peter Gomez et al. (2009): *Wege zum Wachstum: Wie Sie nachhaltigen Unternehmenserfolg erzielen*, Wiesbaden (Gabler Verlag).

Richard, Florida (2004): *The Rise of the Creative Class, New York (Perseus Book Group).*

Rüegg-Stürm, Johannes (2003): *Das neue St. Galler Management-Modell. Grundkategorien einer integrierten Managementlehre*, Bern/Stuttgart (Haupt Verlag).

Schulz von Thun, Friedemann (1999): *Miteinander Reden Teil 1-3*, Hamburg (Rowohlt).

Schütz, Astrid und Lasse Hoge (2007) *Positives Denken. Vorteile – Risiken – Alternativen,* Stuttgart (Kohlhammer Verlag).

Seliger, Ruth (2008): *Das Dschungelbuch der Führung. Navigationssystem für Führungskräfte*, Heidelberg (Auer-System-Verlag).

Sloterdijk, Peter (2006): *Im Weltinnenraum des Kapitals*, Frankfurt a. M. (Suhrkamp Verlag).

Stöwe, Christian und Anja Beenen (2009): *Mitarbeiterbeurteilung und Zielvereinbarung*, München (Haufe Verlag).

Ulrich, Hans (2001): *Systemorientiertes Management. Studienausgabe*, Bern/Stuttgart (Haupt Verlag).

Ulrich, Hans und Gilbert Probst (2007): *Anleitung zum ganzheitlichen Denken und Handeln. Ein Brevier für Führungskräfte,* Bern/Stuttgart (Haupt Verlag).

Vester, Frederic (1980): *Neuland des Denkens. Vom technokratischen zum kybernetischen Zeitalter* Stuttgart (Deutsche Verlags-Anstalt).

Vester, Frederic (2002): *Die Kunst, vernetzt zu denken. Ideen zum Umgang mit einer vernetzten Welt* , Stuttgart (Deutsche Verlags-Anstalt).

von der Linde, Boris und Anke von der Heyde (2007): *Psychologie für Führungskräfte,* München (Haufe Verlag).

von Rosenstiel, Lutz et al. (2005): *Organisationspsychologie,* Stuttgart (Kohlhammer Verlag).

Watzlawick, Paul (1982): *Die Möglichkeit des Andersseins. Zur Technik der therapeutischen Kommunikation,* Stuttgart (Huber Verlag).

Watzlawick, Paul (1991): *Wie wirklich ist die Wirklichkeit?,* München (Piper Verlag).

Watzlawick, Paul (1995): *Vom Unsinn des Sinns oder vom Sinn des Unsinns,* München (Piper Verlag).

Watzlawick, Paul et al. (1990): *Menschliche Kommunikation. Formen, Störungen, Paradoxien,* München (Piper Verlag).

Watzlawick, Paul und John H. Weakland (1980): *Interaktion,* Stuttgart (Huber Verlag).

Weh, Saskia-Maria und Claudius Enaux (2008): *Konfliktmanagement,* München (Haufe Verlag).

Stichwortverzeichnis